SHUDIAN XIANLU YUNJIAN PEIXUN JIAOCAI

# 输电线路带电作业

## 培训教材

刘宏新　主编

中国电力出版社
CHINA ELECTRIC POWER PRESS

## 内 容 提 要

本书主要内容包括电力系统概述，带电作业基础知识，带电作业常用材料、工具及其试验，特高压电网，110～220kV带电作业项目标准化操作流程，500kV 带电作业项目标准化操作流程，1000kV 带电作业项目标准化操作流程。力求参培人员能够通过对本书的学习，进一步规范作业，提高素质，作用于生产。

本书以岗位能力为核心，以贴近现场为原则，以适用培训为宗旨，可作为输电线路带电作业人员培训教材。

**图书在版编目（CIP）数据**

输电线路带电作业培训教材/刘宏新主编．—北京：中国电力出版社，2017.12
ISBN 978-7-5198-1454-0

Ⅰ.①输… Ⅱ.①刘… Ⅲ.①输电线路–带电作业–技术培训–教材 Ⅳ.①TM726

中国版本图书馆 CIP 数据核字（2017）第 291684 号

---

出版发行：中国电力出版社
地　　址：北京市东城区北京站西街 19 号（邮政编码 100005）
网　　址：http://www.cepp.sgcc.com.cn
责任编辑：王杏芸（010-63412394）
责任校对：郝军燕
装帧设计：赵姗姗
责任印制：杨晓东

---

印　　刷：北京大学印刷厂
版　　次：2017 年 12 月第一版
印　　次：2017 年 12 月北京第一次印刷
开　　本：787 毫米×1092 毫米　16 开本
印　　张：11.75
字　　数：238 千字
印　　数：0001—2500 册
定　　价：45.00 元

---

# 编　委　会

主　　　编　刘宏新

副　主　编　刘永奇　武登峰　张　涛

编委会成员　刘建国　张冠昌　刘金印　解芙蓉

贾京山　杨　澜　张　宇　武国亮

牛　彪　陈　嘉

# 编　写　组

组　　　长　张冠昌

副　组　长　贾京山　杨　澜　张　宇

成　　　员　郃全明　李小亮　尹世有　曹增杰

张阳阳　董君龙　张天宇　张晓俊

于国强

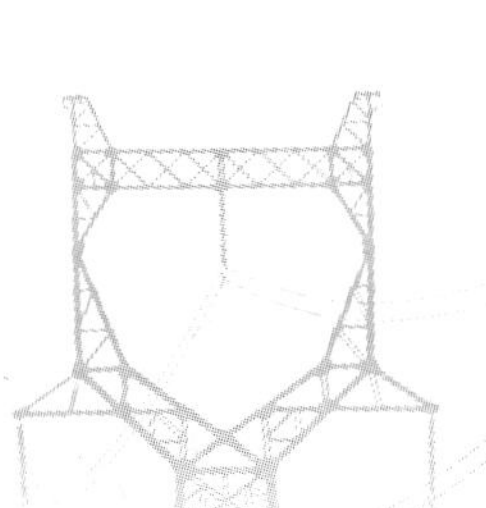

# 前 言

为推进国家电网公司“人才强企”战略，加快培养高素质技能人才队伍，提高输电线路带电作业人员的职业素质，加强和规范输电线路带电作业专业持证上岗培训工作，由国网山西省电力公司具有丰富理论知识和实践经验的人员共同编写了《输电线路带电作业培训教材》。

本书作为输电线路带电作业培训教材，突出以岗位能力为核心，以贴近现场为原则，以适用培训为宗旨，力求参培人员能够通过对本书的学习，进一步规范作业，提高素质，作用于生产。

由于编者水平有限，疏误之处在所难免，敬请同行及各界专家读者批评指正，使之不断完善。

编 者

2017 年 12 月

# 目 录

# 第一章

# 电力系统概述

## 模块1 发电厂、电力系统及电力网

### 一、基本概念

电力系统——由发电厂、变电所、输电线、配电系统及负荷组成的，现代社会中最重要、最庞杂的工程系统之一。

电力网络——由变压器、电力线路等变换、输送、分配电能设备所组成的部分。

动力系统——在电力系统的基础上，把发电厂的动力部分（如火力发电厂的锅炉、汽轮机和水力发电厂的水库、水轮机以及核动力发电厂的反应堆等）包含在内的系统。

总装机容量——指该系统中实际安装的发电机组额定有功功率的总和，以千瓦(kW)、兆瓦（MW）、吉瓦（GW）为单位计。

年发电量——指该系统中所有发电机组全年实际发出电能的总和，以千瓦时（kW·h）、兆瓦时（MW·h）、吉瓦时（GWh）为单位计。

最大负荷——指规定时间内，电力系统总有功功率负荷的最大值，以千瓦（kW）、兆瓦（MW）、吉瓦（GW）为单位计。

额定频率——按国家标准规定，我国所有交流电力系统的额定功率为50Hz。

最高电压等级——指该系统中最高的电压等级电力线路的额定电压。

### 二、电力系统的构成

电力系统的主体结构有电源（水电站、火电厂、核电站等发电厂），变电所（升压变电所、负荷中心变电所等），输电、配电线路和负荷中心。各电源点还互相连接以实现不同地区之间的电能交换和调节，从而提高供电的安全性和经济性。输电线路与变电所构成的网络通常称电力网络。电力系统的信息与控制系统由各种检测设备、通信设备、安全保护装置、自动控制装置以及监控自动化系统、调度自动化系统组成。电力系统的结构应保证在先进的技术装备和高经济效益的基础上，实现电能生产与消费的合理协调。

图 1–1 所示为一个简单电力系统，图 1–2 所示为一个复杂的电力系统。

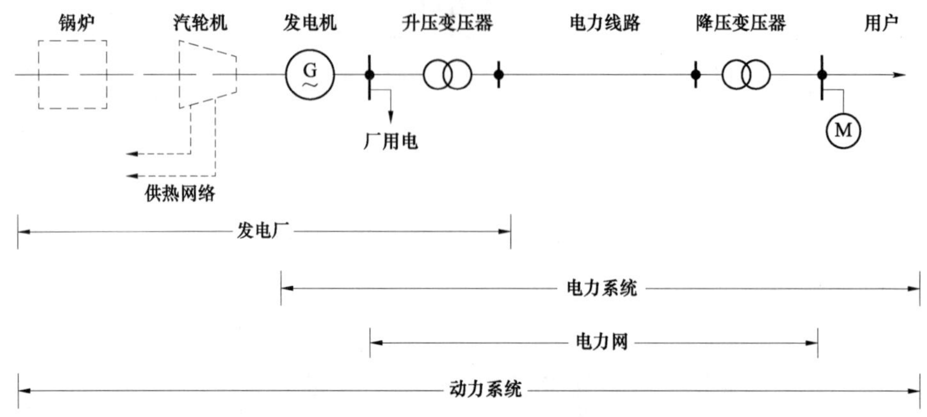


图 1–1　简单电力系统示意图

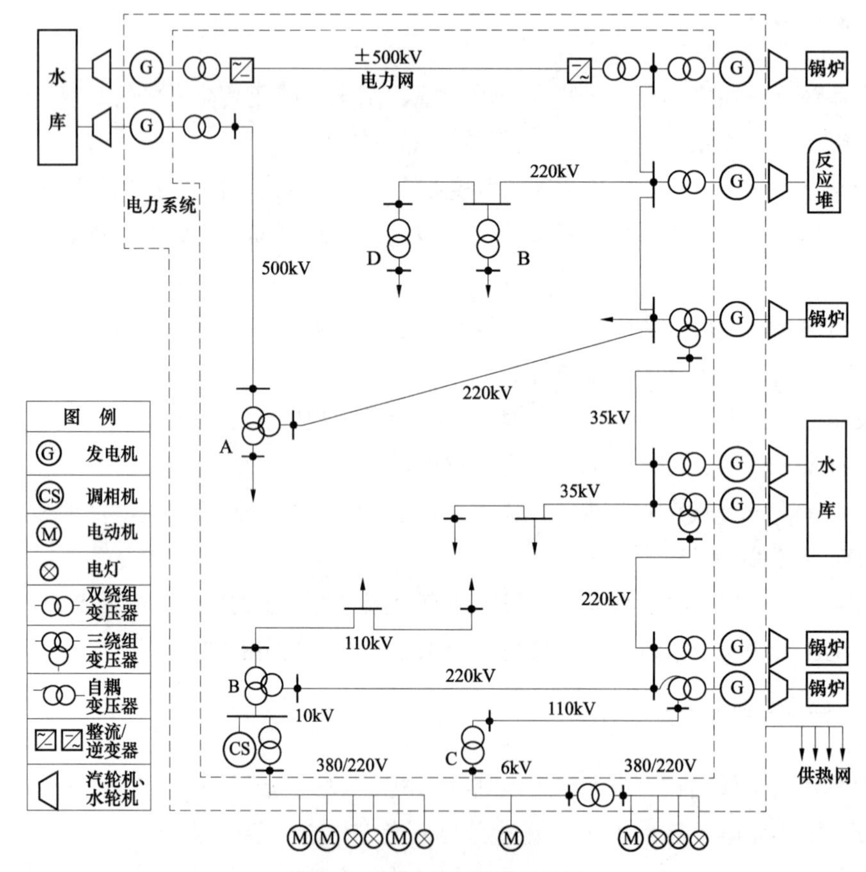


图 1–2　复杂电力系统示意图

电力系统中的电气设备也称电力系统的元件，它们之间相互作用完成发电/输配电/用电的过程。发电机产生电能，升压变压器把发电机发出的低压电能变换为高压电能，电力系统输送高压电能，降压变压器把网络中的高压电能变换为低压电能便于用户使用电能。这样一个生产电能、输送和分配电能、使用电能所连接起来的有机整体成为电力系统。确切地说，电力系统是指由发电机、变压器、电力线路、用户等在电气上相互连接所组成的有机整体。

在图 1–1 所示简单电力系统中，除去发电机、用户，剩下的部分，即电力线路和它两边连接的变压器，称为输配电网，简称电网。

电网是指由各种电压等级的输、配电线路以及由它们所联系起来的各类变电所所组成的电力网络。

由电源向电力负荷中心输送电能的线路，称为输电线路，包含输电线路的电力网络为输电网。而主要担负分配电能任务的线路称为配电线路，包含配电线路的电力网络称为配电网。

电力系统再加上它的动力部分称为动力系统。换言之，动力系统是指“电力系统”与“动力部分”的总和。

所谓动力部分，随电厂的性质不同而不同，主要有以下几种：

（1）火力发电厂的锅炉、汽轮机、供热网络等，如图 1–1 所示。

（2）水力发电厂的水库、水轮机。

（3）核能发电厂的反应堆。

（4）风能、太阳能等。

由以上分析可知，电力网是电力系统组成部分，而电力系统又是动力系统的一个组成部分。动力部分是产生电能的动力。下面以火力发电厂凝汽式汽轮发电机组为例说明电能的生产过程。

如图 1–3 所示，原煤由输煤传送带运至原煤斗后又落入磨煤机中，磨成煤粉后再经过粗粉及细粉分离器进入煤粉仓里，排粉机给出的煤粉与风机送来的暖风混合后送入炉膛燃烧，使冷水管壁中的水加热蒸发为蒸汽，蒸汽经过汽包、过热器变为过热蒸汽，然后通过主蒸汽管道被送入汽轮机。进入汽轮机的蒸汽膨胀做功，喷打汽轮机的叶片，推动汽轮机的大主轴转动。由于发电机与汽轮机同轴，发电机的转子固定在大轴上随大轴一起转动，定子固定不动，在定子槽内放有按一定规律连接的 a、b、c 三相定子绕组。在转子磁极上缠绕励磁绕组，当给励磁绕组通上直流电后，转子转动就形成了旋转磁场，定子绕组在旋转的磁场中切割磁场，于是便感应产生了电动势，因定子回路与外电路形成闭合的三星电路，于是有三相交流电流流通。发电机发出的电能，再经升压后送入高压电力网。

根据电力系统中装机容量与用电负荷的大小，以及电源点与负荷中心的相对位置，电力系统常采用不同电压等级输电（如高压输电或超高压输电），以求得最佳的技术经济效益。根据电流的特征，电力系统的输电方式还分为交流输电和直流输电。交流输电应用最广。直流输电是将交流发电机发出的电能经过整流后采用直流电传输。

由于自然资源分布与经济发展水平等条件限制，电源点与负荷中心多处于不同地区。

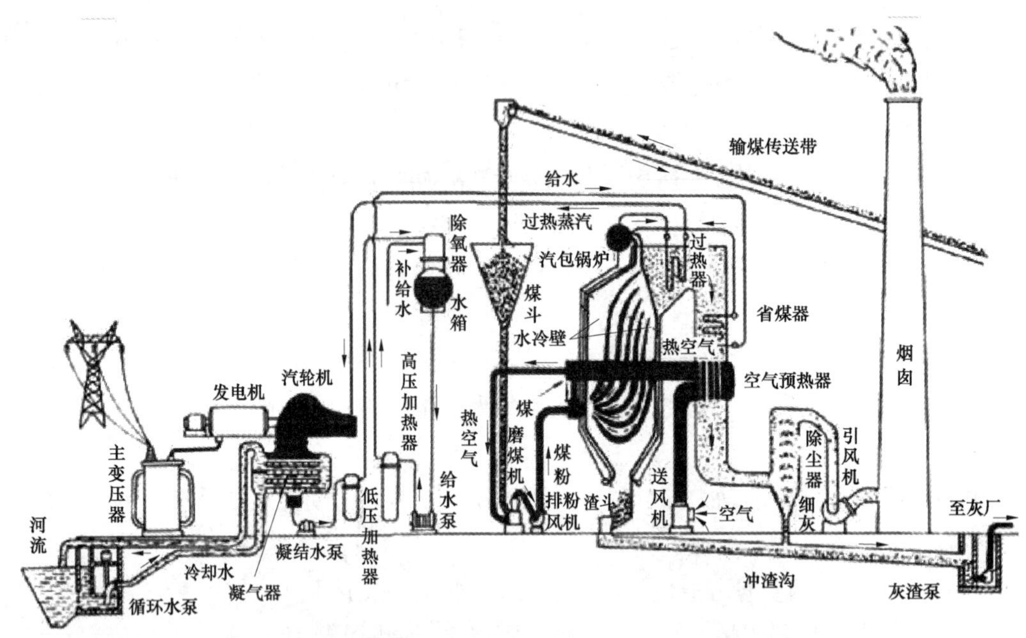


图 1–3　凝汽式火力发电厂生产过程

由于电能目前还无法大量储存，输电过程本质上又是以光速进行，电能生产必须时刻保持与消费平衡。因此，电能的集中开发与分散使用，以及电能的连续供应与负荷的随机变化，就成为制约电力系统结构和运行的根本特点。

## 三、电力发展过程与现状

在电能应用的初期，由小容量发电机单独向灯塔、轮船、车间等的照明供电系统，可看作是简单的住户式供电系统。白炽灯发明后，出现了中心电站式供电系统，如 1882 年 T.A.托马斯·阿尔瓦·爱迪生在纽约主持建造的珍珠街电站。它装有 6 台直流发电机（总容量约 670kW），用 110V 电压供 1300 盏电灯照明。19 世纪 90 年代，三相交流输电系统研制成功，并很快取代了直流输电，成为电力系统大发展的里程碑。

20 世纪以后，人们普遍认识到扩大电力系统的规模可以在能源开发、工业布局、负荷调整、系统安全与经济运行等方面带来显著的社会经济效益。于是，电力系统的规模迅速增长。世界上覆盖面积最大的电力系统是苏联的统一电力系统。它东西横越 7000km，南北纵贯 3000km，覆盖了约 1000 万 $km^2$ 的土地。

中华人民共和国的电力系统从 20 世纪 50 年代开始迅速发展。到 1991 年底，电力系统装机容量为 14 600 万 kW，年发电量为 6750 亿 kW·h，均居世界第四位。输电线路以 220kV、330kV 和 500kV 为网络骨干，形成 4 个装机容量超过 1500 万 kW 的大区电力系统和 9 个超过百万千瓦的省电力系统，大区之间的联网工作也已开始。此外，1989 年，台湾省建立了装机容量为 1659 万 kW 的电力系统。

中国电力工业自 1882 年在上海诞生以来，经历了艰难曲折、发展缓慢的 67 年，到

1949 年发电装机容量和发电量仅为 185 万 kW • h 和 43 亿 kW • h，分别居世界第 21 位和第 25 位。1949 年以后我国（大陆，下同）的电力工业得到了快速发展。1978 年发电装机容量达到 5712 万 kW，发电量达到 2566 亿 kW • h，分别跃居世界第 8 位和第 7 位。改革开放之后，电力工业体制不断改革，在实行多家办电、积极合理利用外资和多渠道资金，运用多种电价和鼓励竞争等有效政策的激励下，电力工业发展迅速，在发展规模、建设速度和技术水平上不断刷新纪录、跨上新的台阶。装机先后超过法国、英国、加拿大、德国、俄罗斯和日本，从 1996 年底开始一直稳居世界第 2 位。进入 21 世纪，我国的电力工业发展遇到了前所未有的机遇，呈现出快速发展的态势。我国发电装机容量和发电量增长情况见表 1–1。

**表 1–1　　　　　　　　　我国发电装机容量和发电量增长情况**

| 年　份 | 装机容量（万 kW） | 装机容量在国际排位 | 年发电量（万 kW） |
|---|---|---|---|
| 1882 | 185 | 21 | 43 |
| 1960 | 1192 | 9 | 594 |
| 1987 | 10 290 | 5 | 4973 |
| 1995 | 21 722 | 4 | 10 069 |
| 1996 | 23 654 | 2 | 10 794 |
| 2000 | 31 932 | 2 | 10 794 |
| 2003 | 38 450 | 2 | 19 080 |
| 2006 | 62 200 | 2 | 28 344 |

我国电力工业进入了大机组、大电厂、大电网、超/特高压、远距离输电、交直流输电、自动化、信息化，水电、火电、核电、新能源发电全面发展的新时期。目前，我国电力工业正在逐步进入跨大区联网和推进全国联网的新阶段。我国电网已基本实现全国互联，2010 年，全国 330kV 及以上交流线路达 11.4 万 km，变电容量为 4.7 亿 kVA，直流线路为 8200km，直流换流站容量为 4000 万 kW。

20 世纪 80 年代以来，我国电力需求连续 20 年实现快速增长，年均增长速度接近 8%。根据我国的具体情况，预计我国全面实现小康社会的人均用电水平在 3000kW • h 左右。在未来的 20 年，电力需求仍然需要保持 5.5%～6%的快速增长。2010 年，全社会用电达到 25 400 亿～26 600 亿 kW • h，装机 5.5 亿～5.8 亿 kW；2020 年全社会用电将达到 39 400 亿～43 200 亿 kW • h，需要装机 8.2 亿～9.0 亿 kW。电力与经济紧密相关，电力是保证经济发展的重要物质基础，经济发展是电力发展的内在动力。为满足全面建设小康社会的需要，电力发展的任务艰巨，责任重大。

发电装机容量、发电量持续增长。“十一五”期间，我国发电装机和发电量年均增长率电网建设不断加强。随着电源容量的日益增长，我国电网规模不断扩大，电网建设不断加强，输变电容量逐年增加。2009 年，电网建设步伐加快，全年全国基建新增 220kV

及以上输电线路回路长度 41 457km，变电设备容量 27 756 万 kVA。2009 年底，全国 220kV 及以上输电线路回路长度 39.94 万 km，比 2008 年增长 11.29%；220kV 及以上变电设备容量 17.62 亿 kVA，比 2008 年增长 19.40%。其中 500kV 及以上交、直流电压等级的跨区、跨省、省内骨干电网规模增长较快，其回路长度和变电容量分别比 2008 年增长了 16.64%和 25.97%。目前，我国电网规模已超过美国，跃居世界首位。西电东送和全国联网发展迅速。我国能源资源和电力负荷分布的不均衡性，决定了“西电东送”是我国的必然选择。西电东送重点在于输送水电电能。按照经济性原则，适度建设燃煤电站，实施西电东送。

国家电网公司在电网建设方面将采取加大加快前期工作力度、加快“西电东送、南北互供、全国联网”工程的建设步伐、抓紧抓好三峡送出的三期工程建设、加快溪洛渡向家坝水电站的送出工程的前期工作、重视抽水蓄能等调频调峰电源的建设、积极采用新技术新工艺、不断提高电网的可靠性等措施。

电力环保取得显著成绩，污染物排放得到控制。电力工业从 20 世纪 80 年代初开始控制烟尘排放，目前安装电除尘器比例达到 85%以上，烟尘排放总量较 1980 年减少 32%以上，单位电量烟尘排放量减少了 88%。自 2007 年以来，国电电力发展股份有限公司（简称国电电力）相继投入 74 450 万元，对所属电厂的火电机组（计划关停除外）进行了脱硫改造，2003 年底我国大陆已累计建成投产的脱硫机组装置容量约 1000 万 kW，脱硫设施产生的 $SO_2$ 去除量为 96.9 万 t，单位电量 $SO_2$ 排放量较 1990 年减少了 40%。洁净煤燃烧技术的研究、开发和技术引进取得进展，已经掌握了低氮燃烧技术。水电、核电和电网的环境保护得到高度重视。

资源节约和综合利用水平不断提高。2006 年全国火电机组平均供电标准煤耗由 2005 年的 370g/（kW·h）降为 366g/（kW·h），电网综合线损率由 7.21%降为 7.08%。

电力科学技术水平有较大提高，交、直流输电系统控制保护设备的技术水平已居于世界领先行列。电力发展水平走在世界前列。一是火电机组参数等级、效率不断提高。二是水电建设代表了当今世界水平，建成了以三峡工程为代表的一批具有世界一流水平的水电工程。三是核电自主化程度不断提高，秦山二期建成投产标志着我国已具备 65 万 kW 压水堆核电机组的研发制造能力。四是超高压技术跻身国际先进行列，500kV 紧凑型、同塔多回、串联补偿等技术得到应用。五是交、直流输电系统控制保护设备的技术水平已居于世界领先行列。

可再生能源发电取得进步，风力发电建设规模逐步扩大。从“七五”开始建设风电场，2008 年底，我国已建成风力发电机组上万台，风电场 200 多个，风电机组累计装机超过 1200 万 kW。2008 年风电发电量为 128 亿 kW·h。

地热发电得到应用。西藏电力工业发展较快，装机容量已达 311MW，年发电量 6.58 亿 kW·h。地热资源丰富。羊八井地热电站装机容量为 24MW，年发电量已达 1.1 亿 kW·h，是我国最大的地热发电厂。

太阳能发电开始起步。到2007年底，全国光伏系统的累计装机容量达到10万kW，从事太阳能电池生产的企业达到50余家，太阳能电池生产能力达到290万kW，太阳能电池年产量达到1188MW，超过日本和欧洲。电力需求旺盛，发展潜力巨大。

国民经济持续快速增长，对电力的拉动作用巨大。“十一五”期间，全社会需电量增长平均达7.8%，发电装机容量增长速度达到10.6万kW/年。2010年，全国发电装机达8.5亿kW左右，而全社会用电在3.6万亿kW·h以上，发电设备综合利用时间可降到4300h左右，电力供应总能力与总需求在宏观上进入平衡状态，为电力的稳定可靠供应奠定了基础。随着我国经济步入新的增长周期，我国电力消费在2012年之前保持在10%左右的增速。整体看来，由于人均发电装机占有量偏低，电力供应的高速增长仍难以满足更快增长的电力需求，电力工业仍存在较大发展空间。

## 四、电力发展趋势

### 1. 电力建设任务艰巨

电网安全要求不断提高。我国电网进入快速发展时期，大电网具有大规模输送能量，实现跨流域调节、减少备用容量，推迟新机组投产，降低电力工业整体成本，提高效率等优点。但随着目前电网进一步扩展，影响安全的因素增多，技术更加复杂，需要协调的问题更多，事故可能波及的范围更广，造成的损失可能会更大。

经济增长方式需要转变。当前我国经济尚属于高投入、高消耗、高排放、不协调、难循环、低效率的粗放型增长模式，而我国的当前条件是绝对不容许的。突出表现为以下两点：

（1）资源条件相对匮乏。我国水能、煤炭较丰富，油、气资源不足，且分布很不均衡。水能资源居世界首位，但3/4以上的水能资源分布在西部。我国煤炭探明保有储量居世界第3位，人均储量为世界平均水平的55%。我国天然气和石油人均储量仅为世界平均水平的11%和4.5%。风能和太阳能等新能源发电受技术因素限制，多为间歇性能源，短期内所占比重不可能太高，需要引导积极开发。

（2）电力发展与资源、环境矛盾日益突出。电力生产高度依赖煤炭，大量开发和燃烧煤炭引发环境生态问题，包括地面沉陷，地下水系遭到破坏，酸雨危害的地理面积逐年扩大，温室气体和固体废料的大量排放等。火力发电需要耗用大量的淡水资源，而我国淡水资源短缺，人均占有量为世界平均水平的1/4，且分布不均，其中华北和西北属严重缺水地区。同时，我国也是世界上水土流失、土地荒漠化和环境污染严重的国家之一。以我国的发展阶段分析，未来若干年，是大量消耗资源、人与自然冲突极为激烈的时期。目前的能源消耗和发展方式，是我国能源、水资源和环境容量无法支撑的。因此，经济增长方式需要根本性转变，以保证国民经济可持续发展。

### 2. 电力发展需求强劲

经济增长率仍将持续走高。目前我国处于工业化的阶段，重化工业产业发展迅速，全社会用电以工业为主，工业用电以重工业为主的格局还将持续一段时间。未来十多年，中国国民经济将继续持续较快发展，工业化、城镇化、市场化、国际化步伐加快，人民生活进一步改善。与此相适应，电力需求仍将继续保持稳定增长的态势。电力工业将迎来更为广泛的发展空间。

用电负荷增长速度高于用电量增长。考虑加强电力需求侧管理，负荷增长速度与电量增长速度的差距将逐步缩小。2009 年全社会用电量 36 430 亿 kW • h，同比增长 5.96%，增速比上年提高 0.47 个百分点；预计 2020 年全社会用电量将不低于 6 万亿 kW • h。

3. 电力发展趋势特点鲜明

我国电力发展的基本方针是：提高能源效率，保护生态环境，加强电网建设，大力开发水电，优化发展煤电，积极推进核电建设，适度发展天然气发电，鼓励新能源和可再生能源发电，带动装备工业发展，深化体制改革。在此方针的指导下，结合近期电力工业建设重点及目标，我国电力发展将呈现以下四个鲜明特点：

（1）自动化水平逐步提高、安全性和可靠性受到充分重视。先进的继电保护装置、变电站综合自动化系统、电网调度自动化系统以及电网安全稳定控制系统得到广泛应用。随着电网建设和网架结构的加强、电网自动化水平的提高，大陆电网安全稳定事故大幅下降。电网供电可靠性也有较大提高，平均供电可靠性为 99.820%。

（2）经济、高效和环保。随着大容量机组的应用、电网的发展以及先进技术的广泛采用，煤耗与网损逐年下降。新建火电厂将广泛采用大容量、高效、节水机组，采用脱硫技术和控制 $NO_x$ 的排放。到 2020 年，在人口密集地区，将建设 60GW 的天然气发电机组和 40GW 的核电机组。在电网建设方面，将采用先进技术提高单位走廊输电能力、降低网损，加强环境和景观保护，城市电网将逐步提高电缆化率、推广变电站紧凑化设计。

（3）结构调整力度将会继续加大。将重点推进水电流域梯级综合开发，加快建设大型水电基地，因地制宜开发中小型水电站和发展抽水蓄能电站，使水电开发率有较大幅度提高。合理布局发展煤电，加快技术升级，节约资源，保护环境，节约用水，提高煤电技术水平和经济性。实现百万千瓦级压水堆核电工程设计、设备制造本土化、批量化的目标，全面掌握新一代百万千瓦级压水堆核电站工程设计和设备制造技术，积极推进高温气冷堆核电技术研究和应用。在电力负荷中心、环境要求严格、电价承受力强的地区，因地制宜建设适当规模的天然气电厂，提高天然气发电比重。在风力资源丰富的地区，开发较大规模的风力发电场；在大电网覆盖不到的边远地区，发展太阳能光伏电池发电；因地制宜发展地热发电、潮汐电站、生物质能（秸秆等）与沼气发电等；与垃圾处理相结合，在大中城市规划建设垃圾发电项目。

（4）技术进步和产业升级步伐将会加快。电力工业要着眼于走出一条科技含量高、经济效益好、资源消耗低、环境污染小的新型工业化道路，促进电力设备的本土化。需要重点发展以下几方面工作：

推广单机容量60万kW及以上大容量（超）临界机组。加大大型水电站建设关键技术的研究，加快大容量水电机组设备制造本地化。积极发展洁净煤发电技术；掌握空冷系统设计制造技术和机组节水改造技术；掌握大容量机组烟气脱硫的设计制造技术。加快100万kW级大型核电站设备制造本地化进程。实现600kW至兆瓦级风电设备本地化。引进第三代核电技术。

建设功能完善、信息畅通、相互协调的电力调度自动化系统，建立适应电力市场竞争需要的技术支持系统，电力行业的信息化达到国际先进水平。

加快电网建设，优化资源配置。加快推进西电东送三大通道的输电线路建设，合理规划布局，积极采用先进适用技术提高线路输送容量，节约输电通道资源。建设坚强、清晰、合理、可靠的区域电网。推进大区电网互联，适当控制交流同步电网规模。

继续推进城乡电网建设与改造，形成安全可靠的配电网络。完善城乡配电网结构，增强供电能力。加快计算机技术、自动化技术和信息技术的推广应用，提高城网自动化水平和供电可靠性，满足城乡居民用电的需求。完善县城电网的功能、增强小城镇电网的供电能力，扩大电网覆盖面。

发展循环经济，创建节约型社会。加强发电、输变电、用电等环节的科学管理，提高能源使用效率。在加快电力建设，保障电力供给的同时，将节约资源和提高能效提升到与电力供应同等重要的地位。通过深化电力需求侧管理，加强全国联网，调整产业结构，逐步降低单位产值能耗等节能、节电的综合措施；通过节能、节电，加强全国联网，调整产业结构，逐步降低单位产值能耗等综合措施。

4.“十三五”电力规划

实事求是地讲，满足国家电力需求更关键的在于电网，主要是通道的建设落后于电源的建设，使很多电力产能无法释放。如果新能源不能发挥实效，不如在规划时更多地建设利于新能源送出的通道、储能等配套项目，确保那些列入规划的新能源项目按规划建设、按规划发挥效能。

按《能源发展战略行动计划（2014—2020年）》（以下简称“行动计划”），到2020年，一次能源消费总量控制在约48亿t标准煤，煤炭控制在约42亿t（天然煤），占一次能源消费比重控制在62%以内，非化石能源比重达到15%，天然气比重达到10%以上；力争常规水电装机达到3.5亿kW左右，风电装机达到2亿kW，光伏装机达到1亿kW左右。

按目前我国制造业的能力，风电、光伏达到目标没有问题。特别是光伏，如果能够克服分布式光伏发电的一些制度性制约，光伏发电在“十三五”期间将会井喷式发展。在火电领域，要在经济发达地区继续鼓励天然气发电（分布式）的增长，即便煤电达到天然气的减排标准，如果考虑“碳税”，气电经济性也要优于煤电。

根据国家能源局统计，到2014年底，全国装机容量为13.6亿kW，如果按5200h计算，发电量就能超过7万亿kW·h，就能满足2020年的电力需求。很显然，这样的计算过于笼统和简单，风电、水电和光伏发电绝对达不到 5200h 的运行时间。根据中电联统计数据，如果不考虑送出影响，合理利用时间为，火电 5500h，水电 3300h，风电 2000h，核电 7000h，光伏 1500h，则按 2014 年底各类发电形式装机计算的发电量为 63 728 亿 kW·h。

未来五年核电增加的电量加上 2014 年火电存量机组利用时间增加到 5800h，总的发电量就能基本达到 2020 年全社会电量需求的 7 万亿 kW·h。虽然还没有考虑 2015—2020 年火电、水电、风电和光伏发电的增量，有点过于偏激，但足以说明发电能力足以满足我国 2020 年社会发展对电力的需求，即使增加考虑备用容量、送出受限等因素也是如此。

按“行动计划”到 2020 年，核电装机容量达到 5800 万 kW，常规水电、风电和光伏加起来可达 6.5 亿 kW，如果再加上 2014 年底存量的火电，整个“十三五”期间不发展火电，全国总装机容量也超过了 16 亿 kW。但即便在经济发达地区受“大气污染物排放行动计划”限制、在欠发达地区受投资者投资意愿下降等影响因素，火电的装机每年增加 2 千万、3 千万 kW 的容量是可以肯定的。

从必须改变环境角度出发，“十三五”电力规划电源建设要以进一步限制煤电，适度发展水电和核电，全面鼓励和推动新能源的发展。

关于适度发展水电和核电。据中国大坝协会的统计，我国已是世界上建坝最多的国家，坝高超过 30m 的大坝超过 6000 座，过度建坝已经破坏了生物多样性和人文环境，尤其在西南地质脆弱和少数民族集聚区，水电开发的负面影响更为明显。而之所以提出核电要适度发展主要是从安全角度出发。且不提核原料的供应和核废料的处理问题，虽然当前在建核电机组主要是所谓的“三代机”，但实际运行情况未知。更让人担心的是按目前规划的规模，我们确实缺少有实际经验的运行及维护人员，缺少相应配套的监管手段和制度。

新能源发电值得认真研究。从以往的情况看，以风电为例，我国装机早已超过 1 亿 kW，但实际并网到 2014 年底才 0.96 亿 kW，即使并网的这些风电每年因限电影响的发电量都超过其总发电量的 10%。光伏发电也一样，除技术性原因外，由体制、机制造成的损失及对整个产业发展的影响不是用数字就可以简单计算的。

因此，目前电源已不是问题，而关键在于电网，通道的建设落后于电源的建设，使很多电力产能无法释放。此外，影响新能源消费的市场化的问题也是亟待解决的，好在国家电力市场化改革已经明确了方向。

“十三五”电力规划要贴近实际，在规划时更多地建设影响新能源送出的通道、储能等配套项目，确保那些列入规划的新能源项目按规划建设、按规划发挥效能。

## 模块 2　电力系统中性点运行方式

电力系统的中性点实际上是指电力系统中发电机、变压器的中性点，其接地或不接地是一个综合性的问题。中性点接地方式与电压等级、单相接地短路电流、过电压水平、保护配置等有关，对于电力系统的运行，特别是对发生故障后的系统运行有多方面的影响，直接影响电网的绝缘水平、系统供电的可靠性和连续性、主变压器和发电机的运行安全以及对通信线路的干扰等。所以在选择中性点接地方式时，必须考虑许多因素。电力系统中性点接地方式有两大类：一类是中性点直接接地或经过低阻抗接地，称为大接地电流系统；另一类是中性点不接地、经过消弧线圈或高阻抗接地，称为小接地电流系统。其中采用最广泛的是中性点不接地、中性点经过消弧线圈接地和中性点直接接地三种方式。

对于6～10kV系统，由于设备绝缘水平按线电压考虑对于设备造价影响不大，为了提高供电可靠性，一般均采用中性点不接地或经消弧线圈接地的方式。对于110kV及以上的系统，主要考虑降低设备绝缘水平，简化继电保护装置，一般均采用中性点直接接地的方式，并采用送电线路全线架设避雷线和装设自动重合闸装置等措施，以提高供电可靠性。20～60kV的系统，是一种中间情况，一般一相接地时的电容电流不是很大，网络不是很复杂，设备绝缘水平的提高或降低对于造价影响不是很显著，所以一般采用中性点经消弧线圈接地方式。1kV以下的电网的中性点采用不接地方式运行，但电压为380/220V的系统，采用三相五线制，零线是为了取得相电压，地线是为了安全。

## 一、中性点不接地系统

### 1. 中性点不接地系统简介

中性点不接地系统，即中性点对地绝缘。这种接地方式结构简单，运行方便，无须任何附加设备，投资经济。适用于以10kV架空线路为主的辐射形或树形的供电网络。中性点不接地系统优点在于发生单相接地故障时，由于接地电流很小，若是瞬时故障，一般能自动熄弧，非故障相电压升高不大，不会破坏系统的对称性，接在相间电压上的电气设备的供电并未遭到破坏，它们可以继续运行。但是这种电网长期在一相接地的状态下运行，也是不允许的，因为这时非故障电压升高，绝缘薄弱点很可能被击穿，进而引起两相接地短路，将严重地损坏电气设备。根据规定，系统发生单相接地故障后可允许继续运行不超过2h，从而获得排除故障时间，相对地提高了供电的可靠性。

中性点不接地方式缺点在于因其中性点是绝缘的，电网对地电容中储存的能量没有释放通路。当接地的电容电流较大时，在接地处引起的电弧就很难自行熄灭，在接地处还可能出现所谓间隙电弧，即周期地熄灭与重燃的电弧。由于对地电容中的能量不能释放，造成电压升高，从而产生弧光接地过电压或谐振过电压，其值可达很高的倍数，对设备绝缘造成威胁。由于电网是一个具有电感和电容的振荡回路，间歇电弧将引起相对地的过电压，其数值可达2.5～3$U_X$，容易引起另一相对地击穿，而形成两相接地短路。

所以必须设专门的监察装置，以便使运行人员及时发现一相接地故障，从而切除电网中的故障部分。

在电压为 3～10kV 的电力网中，一相接地时的电容电流不允许大于 30A，否则，电弧不能自行熄灭；在 20～60kV 电压级的电力网中，间歇电弧所引起的过电压，数值更大，对于设备绝缘更为危险，而且由于电压较高，电弧更难自行熄灭，因此，在这些电网中，规定一相接地电流不得大于 10A。

2. 中性点不接地系统分析

中性点不接地方式即电力系统的中性点不与大地相接。电力系统中的三相导线之间和各相导线对地之间都存在着分布电容。设三相系统是对称的，则各相对地均匀分布的电容可由集中电容 $C$ 表示，线间电容电流数值较小，可不考虑，如图 1–4（a）所示。

系统正常运行时，三个相电压 $U_1$、$U_2$、$U_3$ 是对称的，三相对地电容电流 $I_{C1}$、$I_{C2}$、$I_{C3}$ 也是对称的，其相量和为零，所以中性点没有电流流过。各相对地电压就是其相电压，如图 1–4（b）所示。

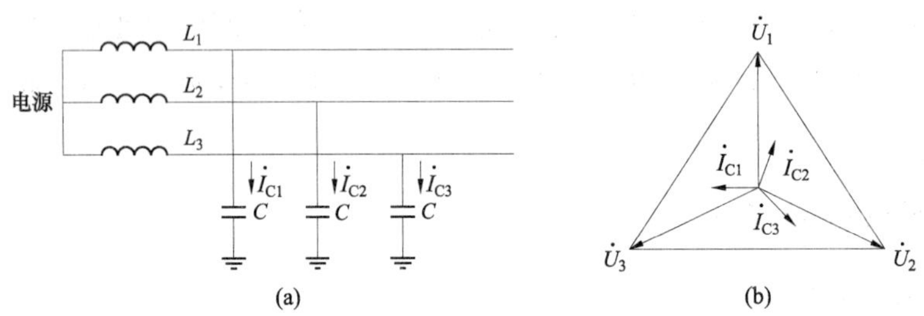


图 1–4　正常运行时中性点不接地的电力系统

（a）电路图；（b）相量图

当系统任何一相绝缘受到破坏而接地时，各相对地电压、对地电容电流都要发生改变。当故障相（假定为第三相）完全接地时，如图 1–5（a）所示。接地的第三相对地电压为零，即 $U_3'=0$，但线间电压并没有发生变化。非接地相第一相对地电压 $U_1'=U_1+$（$-U_3$）$=U_{13}$，第二相对地电压 $U_2'=U_2+$（$-U_3$）$=U_{23}$。即非接地两相对地电压均升高，变为线电压，如图 1–5（b）所示。当第三相接地时，由于另外两相对地电压升高倍，使得这两相对地电容电流也相应地增大，即 $I_{C1}'=I_{C2}'=I_{C0}$。

从图 1–5（b）的相量图可知，中性点不接地系统单相接地电容电流为正常运行时每相对地电容电流的 3 倍。从图 1–5（b）的相量图还可看出，系统的三个线电压无论相位和量值均未发生变化，因此系统中所有用电设备仍可继续运行。

可见，中性点不接地系统发生一相接地时有以下特点。经故障相流入故障点的电流为正常时本电压等级每相对地电容电流的 3 倍。中性点对地电压升高为相电压。非故障相的对地电压升高为线电压。线电压与正常时电压的相同。

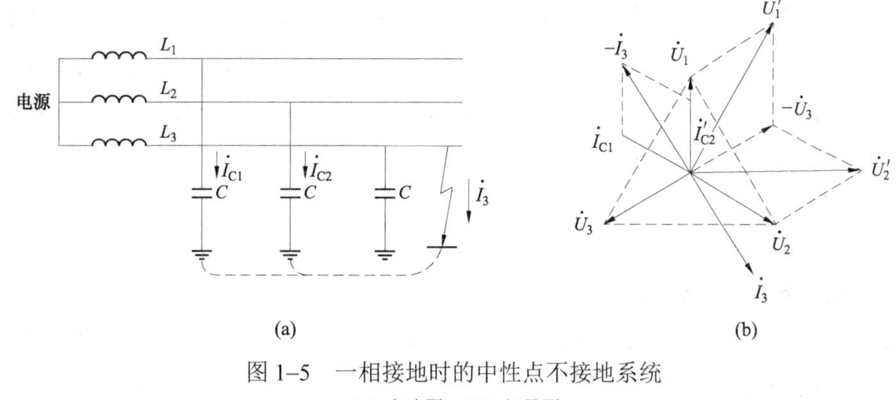


图 1–5 一相接地时的中性点不接地系统

（a）电路图；（b）相量图

## 二、中性点经消弧线圈接地系统

1. 中性点经消弧线圈接地系统简介

中性点经消弧线圈接地系统，是将中性点通过一个电感消弧线圈接地。消弧线圈主要由带有气隙的铁芯和套在铁芯上的绕组组成，它们被放在充满变压器油的油箱内，绕组的电阻很小，电抗很大。消弧线圈的电感，可用改变接入绕组的匝数加以调节，显然，在正常的运行状态下，由于系统中性点的电压为三相不对称电压，数值很小，所以通过消弧线圈的电流也很小。

中性点经消弧线圈接地的优点在于其能迅速补偿中性点不接地系统单相接地时产生电容电流，减少的弧光过电压的发生。虽然中性点不接地系统具有发生单相接地故障仍可以继续供电的突出优点，但也存在产生间歇性电弧而导致过电压的危险。当接地电流大于 30A 时，产生的电弧往往不能自熄，造成弧光接地过电压概率增大，不利于电网安全运行。而消弧线圈是一个具有铁芯的可调电感，当电网发生接地故障时，接地电流通过消弧线圈时呈电感电流，对接地电容电流进行补偿，使通过故障点的电流减小到能自行熄弧范围。当电流过零而电弧熄火后，消弧线圈尚可减少故障相电压的恢复速度，从而减少了电弧重燃的可能，有利于单相接地故障的消除。其次，通过对消弧线圈无载分接开关的操作，使之能在一定范围内达到过补偿运行，从而达到减小接地电流。这可使电网持续运行一段时间，提高了供电可靠性。中性点经消弧线圈接地系统的缺点主要在于零序保护无法检出接地的故障线路。当系统发生接地时，由于接地点电流很小，且根据规程要求消弧线圈必须处于过补偿状态，接地线路和非接地线路流过的零序电流方向相同，故零序过流、零序方向保护无法检测出已接地的故障线路。此外，消弧线圈本身是感性元件，与对地电容构成谐振回路，在一定条件下能发生谐振过电压。中性点经消弧线圈接地仅能降低弧光接地过电压的概率，还是不能彻底消除弧光接地过电压，也不能降低弧光接地过电压的幅值。

发生单相接地时，按规定可带单相接地故障运行 2h，对于中压电网，因接地电流得到补偿，单相接地故障并不发展为相间故障，因此中性点经消弧线圈接地方式的供电可靠性，远高于中性点经小电阻接地方式。在中性点经消弧线圈接地的系统中，一相接地和中性点不接地系统一样，故障相对地电压为零，非故障相对地电压升高至$\sqrt{3}$倍，三相线电压仍然保持对称和大小不变，所以也允许暂时运行，但不得超过2h。在中性点消弧线圈接地的系统中，各相对绝缘和中性点不接地系统一样，也必须按线电压设计。

2. 中性点经消弧线圈接地系统分析

系统正常运行时，由于三相电压、电流对称，中性点对地电位为0，消弧线圈上电压为零，消弧线圈中没有电流流过。当系统发生单相接地时，消弧线圈处在相电压之下，通过接地处的电流是接地电容电流$I_C$和线圈电感电流$I_L$的相量和，如图1–6所示。由于$I_C$超前$U_C$ 90°，而$I_L$滞后$U_C$ 90°，$I_C$与$I_L$相位相反，在接地点相互补偿。只要消弧线圈电感量选取合适，就会使接地电流减小到小于发生电弧的最小生弧电流，电弧就不会产生，也就不会产生间歇过电压。

根据消弧线圈中电感电流对接地电容电流的补偿程度不同，可以分为全补偿，欠补偿和过补偿三种补偿方式。

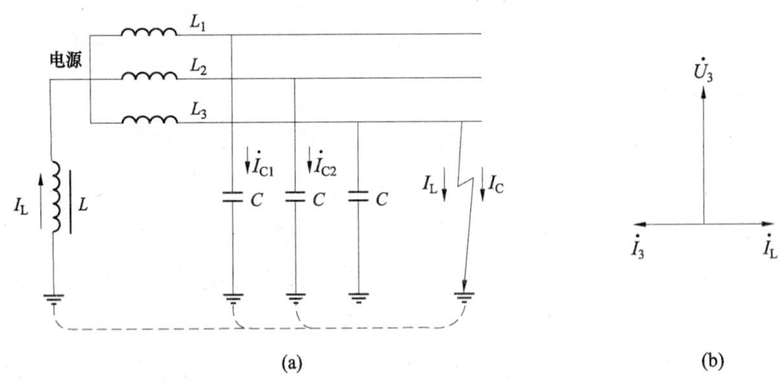


图1–6 一相接地时的中性点经消弧线圈接地系统

(a) 电路图；(b) 相量图

全补偿：当$I_L$=$I_C$（$\omega_L$=1/3$\omega_C$）时，接地点的电流为0，确实能很好地避免电弧的产生，这种补偿称全补偿。从补偿观点来看，全补偿应该是最好的，但实际上不采用这种方式。因为系统正常运行时，各相对地电压不完全对称，中性点对地之间有一定电压，此电压可能引起串联谐振，在线路中会产生很高的电压降，造成电网中性点对地电压严重升高，这样可能会损坏设备和电网的绝缘，因此这种补偿方式并不是最好的补偿方式。

欠补偿：当$I_L$<$I_C$，即感抗大于容抗时，接地点的电流没有被消除，尚有未补偿的电容电流，这种补偿称欠补偿。这种补偿方式也很少采用。因为在欠补偿运行时，如果切除部分线路（对地电容减小，容抗增大，$I_C$减小），或系统频率降低（感抗减小，$I_L$增大，

容抗增大，$I_C$减小），都有可能使系统变为全补偿，出现电压串联谐振过电压，因此这种补偿方式也不好。过补偿：当$I_L > I_C$，即感抗小于容抗时，接地点出现多余的电感电流，这种补偿称过补偿。采用这种补偿方式，不会出现串联谐振情况，因此得到广泛应用。因为$I_L > I_C$，消弧线圈留有一定的裕度，也有利于将来电网发展。采用过补偿，补偿后的残余电流一般不超过5～10A。运行实践也证明，不同电压等级的电网，只要残余电流不超过允许值（6kV电网，残余电流≤30A；10kV电网，残余电流≤20A；35kV电网，残余电流≤10A）接地电弧就会自动熄灭。然而，中性点经消弧线圈接地的电力系统与中性点不接地的电力系统一样，发生单相短路时，非故障相的对地电压要升高为原相电压的$\sqrt{3}$倍，即成为线电压。总之，当电网发生单相接地故障时，由于消弧线圈的存在使得流过中性点的电流为感性，对接地电容电流进行了补偿，使通过故障点的电流减小到能自行熄弧的范围。同时，当电流过零而电弧熄火后，消弧线圈也减少了故障相电压的恢复速度，从而减小了电弧重燃的可能。

### 三、中性点直接接地系统

1. 中性点直接接地系统简介

在电力系统中采用中性点直接接地方式，就是把中性点直接和大地相接，这种方式可以防止中性点不接地系统中单相接地时产生的间歇电弧过电压，中性点直接接地系统又称为大电流接地系统。

中性点的电位在电网的任何工作状态下均保持为零。在这种系统中，当发生一相接地时，这一相直接经过接地点和接地的中性点短路，一相接地短路电流的数值最大，应立即使继电保护动作，将故障部分切除，因而使用户的供电中断。运行经验表明，在1kV以上的电网中，大多数的一相接地故障，尤其是架空送电线路的一相接地故障，大都具有瞬时的性质，在故障部分切除以后，接地处的绝缘可能迅速恢复，而送电线可以立即恢复工作。目前在中性点直接接地的电网内，为了提高供电可靠性，均装设自动重合闸装置，在系统一相接地线路切除后，立即自动重合，再试送一次，如为瞬时故障，送电即可恢复。

中性点直接接地的主要优点是它在发生一相接地故障时，非故障相地对电压不会增高，因而各相对地绝缘即可按相对地电压考虑。电网的电压越高，经济效果越大；而且在中性点不接地或经消弧线圈接地的系统中，单相接地电流往往比正常负荷电流小得多，因而要实现有选择性的接地保护就比较困难，但在中性点直接接地系统中，实现就比较容易，由于接地电流较大，继电保护一般都能迅速而准确地切除故障线路，且保护装置简单，工作可靠。

中性点直接接地系统的缺点，接地故障线路迅速切除，间断供电。接地电流大，地电位上升较高，增加电力设备损伤，增大接触电压和跨步电压、对信息系统干扰和对低压网反击。

2. 中性点直接接地系统分析

中性点直接接地系统中性点的电位在电网的任何工作状态下均保持为零。在这种系统中，当发生一相接地时，这一相直接经过接地点和接地的中性点短路，一相接地短路电流的数值很大， 因而立即使继电保护动作，将故障部分切除，如图 1–7 所示。

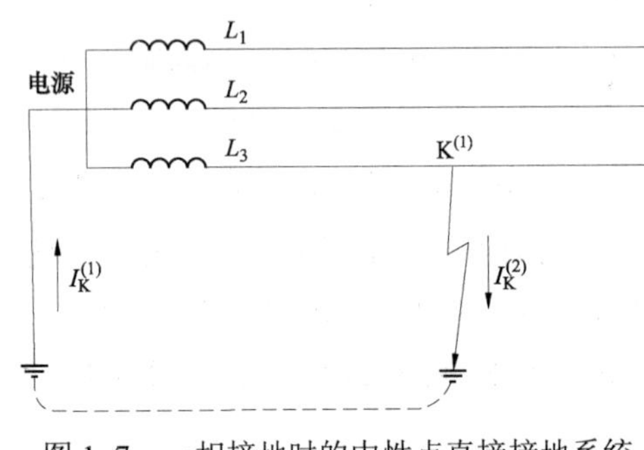


图 1–7　一相接地时的中性点直接接地系统

中性点经消弧线圈接地的系统中，单相接地和中性点不接地系统一样，故障相对地电压为零，非故障相对地电压升高至 $\sqrt{3}$ 倍，三相线电压仍然保持对称和大小不变，所以也允许暂时运行，但不得超过 2h，消弧线圈的作用对瞬时性接地系统故障尤为重要，因为它使接地处的电流大大减小，电弧可能自动熄灭。接地电流小，还可减轻对附近弱点线路的影响。在中性点运行方式的问题上，要做到具体问题具体分析。例如，同是经消弧线圈接地，发电机目前采用的还是手动调节方式，而配电网则采用中性点经自动跟踪补偿消弧线圈接地及选线装置；在 110kV 及以上的系统中，总体来说是直接接地，但并不是所有的中性点均直接接地；另外，中性点经电阻接地的方式应用越来越多。

# 第二章

# 带电作业基础知识

## 模块 1 带电作业基本方法分类

带电作业基本方法分类是一项理论性较强的工作。但总的说来，从人体对带电体之间的关系来看可分为两类。即间接作业法和直接作业法。其他各种方法均从属于这两种基本方法之下。地电位作业法和中间电位作业法从属于间接作业法；等电位作业法从属于直接作业法。沿绝缘子串进入法是等电位作业法的一种特殊形式。它与中间电位法有相似之处，都是依靠组合间隙来保证其作业安全的。但是，沿绝缘子串进入法是直接接触带电设备，与检修部件处于等电位条件下来达到其作业目的的。而中间电位法是通过绝缘工具间接操作来达到其作业目的的。因此，前者属于直接作业法，后者属于间接作业法。

虽然我们对带电作业基本方法进行了分类，但它们之间的内在联系也是相当紧密的。特别是直接作业法，在其达到直接接触带电体之前，很多作业项目都是在间接作业法配合下完成的。如软梯等电位作业法挂软梯、分相接地法的人工接地等。还有很多作业项目，单靠一种作业方法也完成不了。如更换导线、更换杆塔、更换超高压线路绝缘子等，这些作业项目都需要在间接作业法和直接作业法的配合下来完成。因此，更重要的不是在带电作业方法分类的本身，而是需要我们了解各种作业方法的基本原理，才能在带电作业中发挥其应有的作用。

### 一、间接作业法

间接作业法包括地电位作业法、中间电位作业法。

间接作业法是作业人员使用绝缘工具间接地对带电设备部件进行检修或更换的方法。

（一）地电位作业法

地电位作业法是指人体处于地（零）电位状态下，使用绝缘工具间接接触带电设备，来达到检修目的的方法。其特点是人体处于地电位时，不占据带电设备对地的空间尺寸。因此，不论设备的空间尺寸大小，只要作业人员能够在力所能及地使用绝缘工具进行作业的条件下，都可以应用这种方法进行作业。

1. 地电位法的作业方式

采用地电位作业法时，人体与接地体基本处于零电位，其作业方式可归纳为接地体→人体→绝缘体→带电体，如图 2–1 所示。

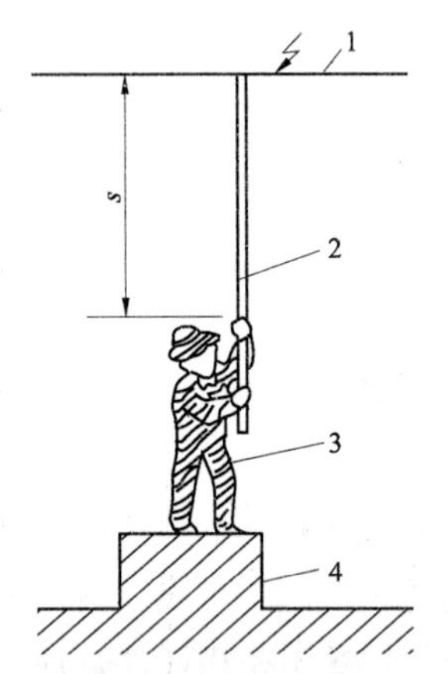


图 2–1　地电位作业法的作业方式示意图

1—带电体；2—绝缘体；3—人体；4—接地体

地电位作业法主要通过绝缘工具来完成其预定工作目标。这些工具主要有四大类，即承载工具、固定工具、操作工具和遮蔽工具。

（1）承载工具。承载工具主要是指承担导线的垂直荷载或水平荷载所使用的工具。如支拉线杆、羊角抱杆、扁带紧线器、绝缘滑车组、吊线杆、紧线拉杆以及与其相配套的紧线丝杠、绞车、蜗轮等收紧工具。

（2）固定工具。固定工具主要是指在承载工具支持点处所用的工具，如支拉线杆、羊角抱杆等所用的固定器；绝缘滑车组所用的绳套；吊线杆所用的横担卡具；紧线拉杆所用的前后卡具以及叼线用的三角紧线器等工具。承载工具只有通过这些固定工具，才能进行安装使用。

（3）操作工具。操作工具也可叫作手持工具，是间接作业法所特有的工具。这些工具是人手臂的延长。在承载工具组装好后，它可以代替人手对设备部件进行拆卸和连接等项工作。

操作工具分专用和通用两种。专用工具的特点是绝缘部分和操作部分为一体，如断线剪子、绑线缠绕器、绝缘棘轮扳手等。通用工具的特点是绝缘部分和操作小工具分开，绝缘部分为各电压等级标准的绝缘操作杆；操作小工具种类很多，可以根据其作用，安装在操作杆上进行工作，如给销器、取（拔）销器、碗头扶正器、取瓶器、接引线夹装拆器以及各类扳手操作头等。10kV 线路使用的操作小工具应尽量减小金属长度，以免造成相间短路或接地。

2. 地电位作业法的安全作业条件

保证地电位作业法人身安全作业的条件主要有二点：一是保证绝缘工具的有效绝缘长度；二是保证人身对带电体的安全距离。绝缘工具的有效绝缘长度和人身对带电体的安全距离，在《安规》中都有明确规定，见表 2–1 和表 2–2。

**表 2–1　　绝缘工具最小有效绝缘长度**

| 电压等级（kV） | 有效绝缘长度（m） | |
|---|---|---|
| | 绝缘操作杆 | 绝缘承载工具、绝缘绳索 |
| 110 | 1.3 | 1.0 |

续表

| 电压等级（kV） | 有效绝缘长度（m） | |
|---|---|---|
| | 绝缘操作杆 | 绝缘承载工具、绝缘绳索 |
| 220 | 2.1 | 1.8 |
| 330 | 3.1 | 2.8 |
| 500 | 4.0 | 3.7 |
| 750 | 5.3 | 5.3 |
| 1000 | 6.8 | |
| ±400 | 3.75 | |
| ±500 | 3.7 | |
| ±660 | 5.3 | |
| ±800 | 6.8 | |

**表 2–2　　人身与带电体的安全距离**

| 电压等级（kV） | 110 | 220 | 330 | 500 | 750 | 1000 | ±400 | ±500 | ±660 | ±800 |
|---|---|---|---|---|---|---|---|---|---|---|
| 距离（m） | 1.0 | 1.8 | 2.6 | 3.4 | 5.2 | 6.8 | 3.8 | 3.4 | 4.5 | 6.8 |

保证绝缘工具的有效绝缘长度，主要是要把通过绝缘工具流经人体的漏泄电流控制在 1mA 以下。我们知道，同样长度的绝缘工具接触带电设备的电压越高，漏泄电流就越大。因此，为了限制漏泄电流，不同电压等级的绝缘工具，其有效绝缘长度的规定也不同。绝缘操作杆等手持绝缘操作工具，由于在操作中有一定活动范围，因此，它的有效绝缘长度比绝缘承力工具和绝缘绳索要长 0.3m。人身对带电体的安全距离是根据空气的绝缘水平、带电作业时的过电压水平以及必要的安全裕度三种因素而决定的。在以后的章节中将系统地进行介绍。

此外，关于电场防护问题应注意：采用地电位法作业时，由于人体与接地体处于同一电位上，此处的电场强度不会很高。因此，在 220kV 及以下带电设备上作业时，不必采取电场防护措施。但在 330kV 以上带电设备上采用地电位法配合等电位法作业时，人体在接地侧的电场强度也很高，静电感应电压将会造成通常所说的“麻电”现象，这时需要采取穿戴导电鞋或屏蔽服等防护措施。

3. 地电位作业法的工作效率

在地电位作业中，人的作业目的是通过绝缘工具，特别是通过手持工具来完成的。因此，地电位作业法的工效将取决于下列因素。

（1）检修设备的电压等级。

（2）操作项目的复杂程度和工具的性能。

（3）操作人员的技能和熟练程度。

检修设备电压等级的高低，决定了人与带电体之间的安全距离，同时也决定了操作者所使用工具的长度和质量。即设备电压越高，人体对带电体的安全距离越大；安全距离越大，操作工具越长，其质量越大。这样将增加操作人员的负担，影响作业的安全和工效。

作业项目操作的复杂程度和工具性能的好坏决定了操作者的操作时间。手持工具是人体手臂的延长，操作工具就像人手，手不好使做什么工作都困难。因此，要求操作工具具有良好的操作功能和灵活性。

操作人员的技能和熟练程度，也就是常说的“基本功”。基本功过不过硬，也是操作成败的关键。再好的工具，如果没有熟练的操作者去掌握运用，将不可能发挥其应有的效率。因此，操作者熟练地掌握工具的性能和操作方法，练就过硬的基本功是十分重要的。

综上所述，在330kV及以上设备上进行带电作业时，由于其空气间隙大，在安全和工效上都不宜单独采用地电位法进行作业。在66kV及以下设备上带电作业时，由于其净空距离较小，工具轻便，便于操作。又不像等电位作业那样，操作者要占据带电体与接地体之间一定的净空距离，同时也不需要安装等电位作业工具所费的工时。因此，地电位法的安全性和工效都远远超过等电位作业法。

（二）中间电位作业法

中间电位作业法是指人体处于接地体和带电体之间的电位状态，使用绝缘工具间接地接触带电设备来达到其检修目的的方法。其特点是人体处于中间电位下，占据了带电体与接地体之间一定空间距离既要对接地体保持一定的安全距离，又要对带电体保持一定的安全距离。因此，只有在满足组合间隙要求的前提，且采用地电位作业法或等电位作业法作业比较困难时，才能采用此法进行作业。

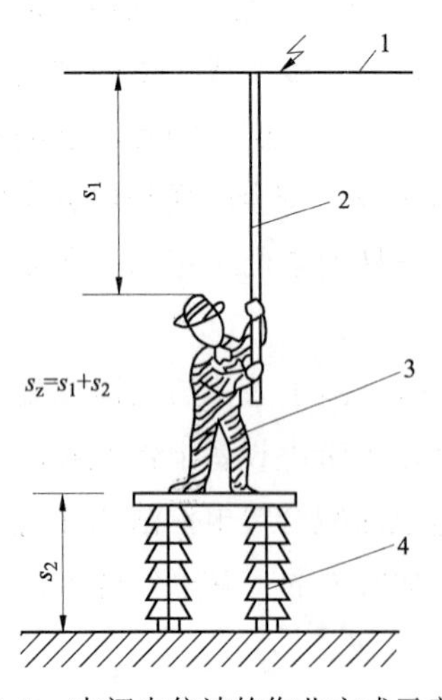


图 2–2　中间电位法的作业方式示意图

1—带电体；2、4—绝缘体；3—人体

1. 中间电位法作业方法

中间电位法的作业方式可归纳为：接地体→绝缘体→人体→绝缘体→带电体，如图 2–2 所示。

中间电位法是通过两部分绝缘体将人体与接地体和带电体隔开。这两部分绝缘体仍然起着限制漏泄电流流经人体的作用。并依靠人体对带电体、接地体的空气间隙，来防止带电体通过人体对接地体放电。这时，人体对带电体、接地体的空气间隙之和即为组合间隙 $s_z=s_1+s_2$。

中间电位法所使用的工具，除操作者在中间电位下所乘载的绝缘梯等工具外，基本上与地电位法相同。中间电位法的作业形式基本上有两种，一是内空间作业；二是外空间作业。

（1）内空间作业。内空间作业是指在导线与横担和杆塔（构架）身部之间的空间内作业。其特点是作业人员占据了设备的净空距离，组合间隙是确定作业安全水平的主要标准，如图 2–3 所示。如在杆塔上安装水平梯、转臂梯等绝缘乘载工具，作业人员使用较短的操作杆处理接点发热、紧螺栓、拆装连接金具、更换绝缘子等项作业属于内空间作业。内空间作业只适用于大净空距离带电设备上的作业。换言之，在小净空距离设备的内空间不允许采用中间电位法进行作业。

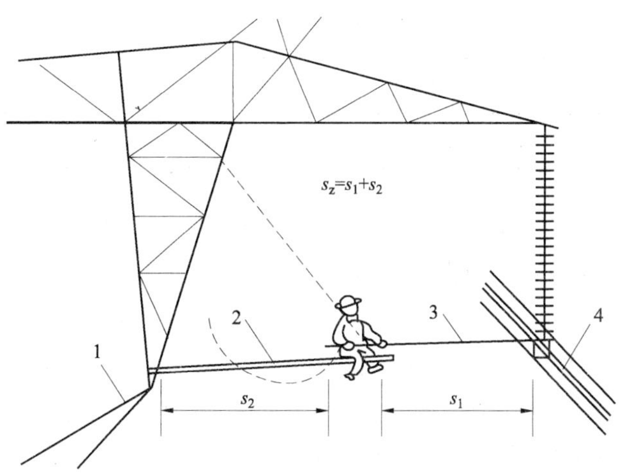


图 2–3　中间电位法内空间作业示意图

1—杆塔（接地体）；2—绝缘水平梯；3—绝缘杆；4—带电导线

（2）外空间作业。外空间作业是指在导线以外距杆塔较远的空间里作业。其特点是作业人员虽然存在对带电体与接地体之间的空间距离，但并不影响设备的净空距离，其组合间隙距离也将大大超过设备本身的净空距离，如图 2–4 所示。如在带电设备外侧使用绝缘斗臂车、绝缘立梯、人字梯等绝缘乘载工具，作业人员使用较短的操作杆处理接点发热、断接引线、更换绝缘子、处理导线损伤等作业。外空间作业适用于小净空距离带电设备上的作业。

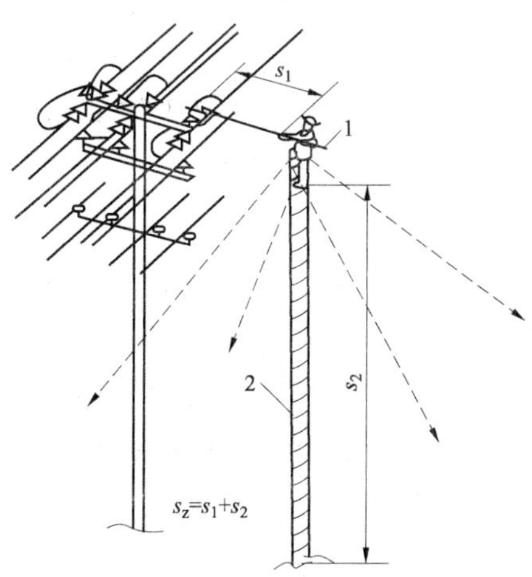


图 2–4　中间电位法外空间作业示意图

1—绝缘工具；2—绝缘立梯

2. 中间电位法的安全作业条件

中间电位法确保安全作业的条件，主要是满足组合间隙的要求。计算组合间隙时，应考虑操作时人体的活动范围。因此，采用该法作业时，必须保证人体对带电体、接地体之间的组合安全距离。《安规》规定的组合间隙的最小距离，见表 2–3。

表 2–3　　组合间隙的最小距离

| 电压等级（kV） | 110 | 220 | 330 | 500 | 750 | 1000 | ±400 | ±500 | ±660 | ±800 |
|---|---|---|---|---|---|---|---|---|---|---|
| 最小距离（m） | 1.2 | 2.1 | 3.1 | 3.9 | 4.9 | 6.9 | 3.9 | 3.8 | 4.3 | 6.6 |

在电场防护方面，在 330kV 以上带电设备上采用中间电位法进行作业时，由于其电场强度较高，作业人员需穿屏蔽服进行电场防护。

3. 中间电位法的工作效率

中间电位法的工效是由于其作业方式所决定的、在能采用地电位作业法和等电位作业法完成的作业项目，其工效低于上述两种方法。中间电位法的工效与地电位法基本相同，主要取决于设备的电压等级，工具的性能和操作人员的技能和熟练程度、220kV 及以上设备在满足组合间隙要求的前提下，在作业人员能够熟练地操纵性能良好的手持绝缘工具的情况下，才能发挥其应有的工作效率。

## 二、直接作业法

直接作业法主要包括等电位作业法、全绝缘作业法、分相接地作业法。其特点是对设备带电部件进行检修或更换时。人体直接接触带电设备。

等电位作业法是指人体与带电体处于同一电位下，人体直接接触设备带电部件进行作业的方法。它与间接作业法一样，都是通过绝缘工具和空气间隙或组合间隙来保证作业安全的（特别是在等电位过程中），其目的都是为了保证人体内不流过引起触电的危险电流。

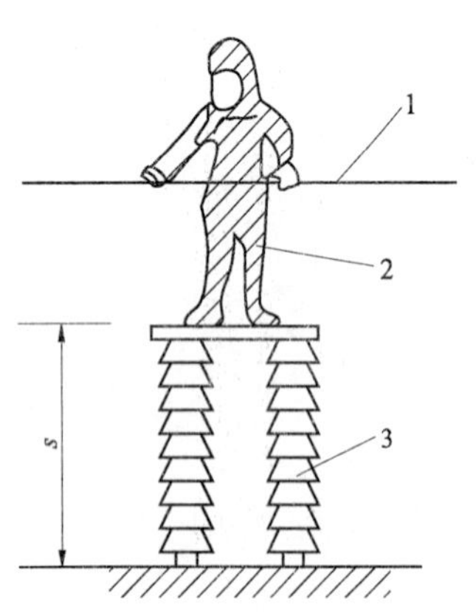

图 2–5　等电位作业法的作业方式示意图

1—带电体；2—人体；3—绝缘体

1. 等电位作业法的作业方式

等电位作业法的作业方式可归纳为：接地体→绝缘体→人体→带电体。即人体利用绝缘体与接地体绝缘起来，这样，人体就能直接接触带电体进行作业了。绝缘体仍然起着限制流经人体泄漏电流的作用，如图 2–5 所示。

等电位作业法时，人体进入电场的方式主要有下列几种。

（1）沿绝缘子串进入法。作业人员沿绝缘子串进入电场等电位作业的方法，叫作沿绝缘子串进入法，如图 2–6 所示。

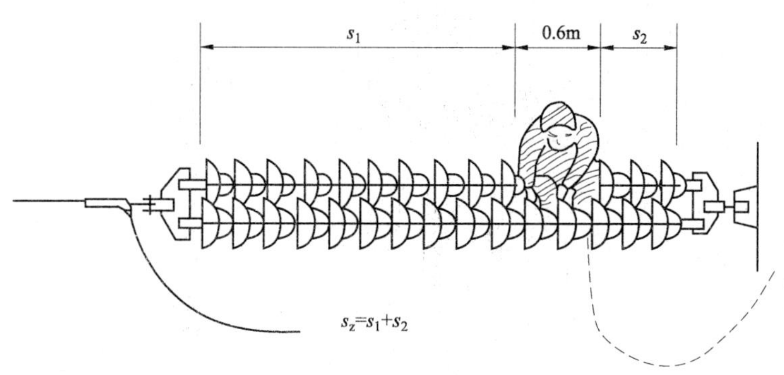


图 2–6　沿绝缘子串进入法等电位作业示意图

沿绝缘子串进入法是等电位作业的一种特殊方式，它与其他等电位方式不同。其他等电位作业方法都是借助绝缘工具进入电场，而该法不借助任何绝缘工具进入电场，而是利用绝缘子串作为进入电场的搭乘体。

采用此法更换耐张单片绝缘子时，对相电压而言，作业人员虽然处于中间电位下作业，但由于作业人员直接接触检修部件，又与检修部件处于等电位状态.所以把该法列为等电位作业法之一是比较合适的。

由于该法只有在满足组合间隙和良好绝缘子个数的条件下才允许作业，因此，只适用于 220kV 及以上电压等级的输电线路。220kV 及以上线路耐张绝缘子串大都为双串绝缘子，作业时，作业人员蹲在一串绝缘子串上，手扶另一串绝缘子，手脚并进，一片一片地在绝缘子串上移动，直至作业部位。需要注意的是，在采用沿耐张绝缘子串进入法进入电位前，必须进行零值绝缘子检测，如果良好绝缘子个数满足规程规定且再加 3 片时，则可使用此方法。进入电位时，人体短接绝缘子个数不得超过 3 片。

（2）绝缘水平梯进入法。作业人员沿绝缘水平梯、转臂梯进入电场等电位作业的方法叫作绝缘水平梯进入法，如图 2–7 所示。

绝缘水平梯是杆塔至导线内空间等电位作业的主要搭乘工具之一、绝缘水平梯的后端以杆塔身部为支承点，前端以绝缘绳悬吊在杆塔身部或横担上，也可以直接勾搭在导线上。

采用该法作业时，等电位作业人员沿水平梯逐渐向导线侧移动，在等电位过程中，人体要保持对带电体、接地体之间的组合间隙。由于等电位作业人员占据了内空间的一定距离，所以该法不适用于小净空距离设备上等电位作业。

（3）绝缘软梯进入法。作业人员利用绝缘软梯进入电场等电位作业的方法，叫作绝缘软梯进入法，如图 2–8 所示。

绝缘软梯又叫作绳梯，它主要是以导线或横担为悬吊点，安装时把它悬吊在导线或横担上。由于作业人员攀登软梯时不减少杆塔至导线间的内空间尺寸，空气间隙有较大

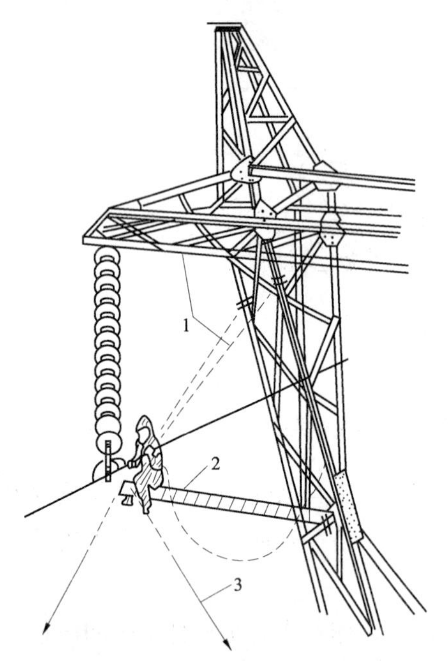


图 2–7 绝缘平梯进入电场等电位作业示意图
1—绝缘吊绳；2—绝缘平梯；3—绝缘拉绳

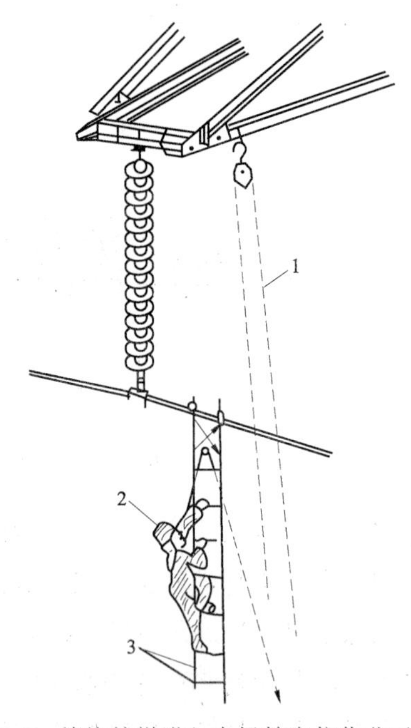


图 2–8 绝缘软梯进入电场等电位作业示意图
1—传递绳；2—导电位电工；3—绝缘软梯

的安全裕度，且软梯轻便，不受导线对地距离限制，又可以在导线上任意移动，因此是比较理想的导线上等电位作业的搭乘工具。但在导线垂直排列的上导线作业时，由于作业人员将占据上下导线之间一定的内空间距离，所以该法不适用于在线间距离较小的导线垂直排列的导线上进行等电位作业。此外，由于软梯和作业人员自重，增加了导线的额外荷载，并使导线弧垂下降，因此，该法也不适用于导线损伤比较严重或对交叉跨越物距离较小档距内的等电位作业。

（4）绝缘立梯进入法。作业人员攀登立梯、升降梯、人字梯、扒杆等绝缘直立梯进入电场等电位作业的方法，叫作绝缘立梯进入法，如图 2–9 所示。

绝缘立梯主要以地面为支承点，并通过四面拉绳保持其稳定性。该进入法攀登时不减少杆塔至导线间内空间尺寸，不增加导线上的额外荷载，也不减少对交叉跨越物间的垂直距离，但在对地距离较高的导线上作业时，采用此法将是很困难的。

（5）绝缘挂梯进入法。作业人员利用绝缘挂梯、独龙梯进入电场等电位作业的方法，叫作绝缘挂梯进入法，如图 2–10 所示。

绝缘挂梯以导线为悬挂支承点，作业时将其直接钩挂在导线上。作业人员攀登挂梯进入电场进行等电位作业、由于挂梯直接挂在导线上，所以安装比较方便。它不像立梯那样需要拉绳控制也不像软梯那样需要在导线上挂走线滑车进行安装。但它同时也存在立梯和软梯的不足之处，所以它不适用于导线损伤较严重或对交叉跨越物垂直距离较小的挡距，也不适用于对地距离较高的导线，而比较适用于变电所的母线。

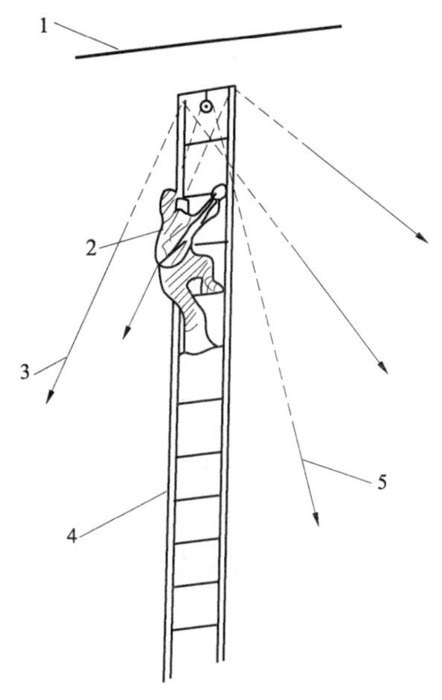


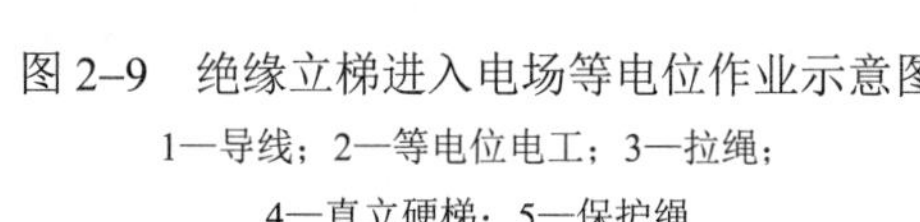
图 2–9　绝缘立梯进入电场等电位作业示意图

1—导线；2—等电位电工；3—拉绳；
4—直立硬梯；5—保护绳

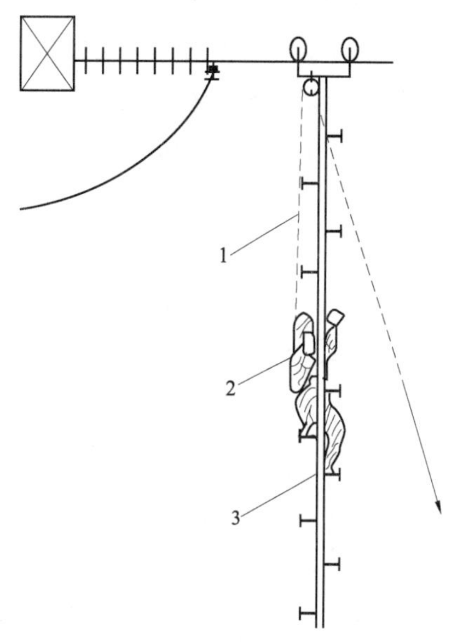


图 2–10　绝缘挂梯进入电场等电位作业示意图

1—保护绳；2—等电位电工；3—绝缘挂梯

（6）吊篮进入法。利用绝缘吊篮、吊椅、吊梯（以下统称吊篮）将作业人员送入电场进行等电位作业的方法叫作吊篮进入法，如图 2–11 所示。

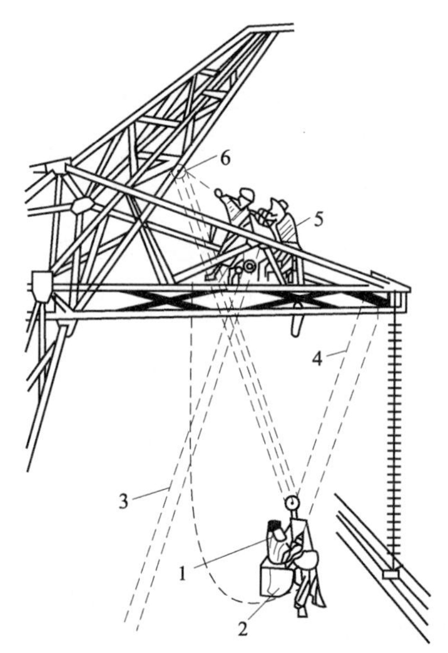


图 2–11　吊篮进入电场等电位作业示意图

1—等电位电工；2—吊篮；3—传递绳；4—吊绳；5—塔上电工；6—滑车组

吊篮同水平梯一样，是杆塔至导线内空间等电位作业主要乘载工具之一。安装吊篮时，用两条绝缘绳将其吊挂在绝缘子串附近内侧的横担上。在吊篮至横担根部之间用一绝缘滑车组相连作为起落吊篮的操纵工具。进入电场时，等电位电工坐在吊篮上，杆塔上电工操纵绝缘滑车组将等电位电工送至导线上进行等电位作业，由于等电位作业电工占据了杆塔至导线间空间的一定位置，所以该法不适用于小净空距离杆塔上的等电位作业。

（7）绝缘斗臂车进入法。利用绝缘斗臂车将作业人员送入电场等电位作业的方法，叫作绝缘斗臂车进入法，如图 2–12 所示。

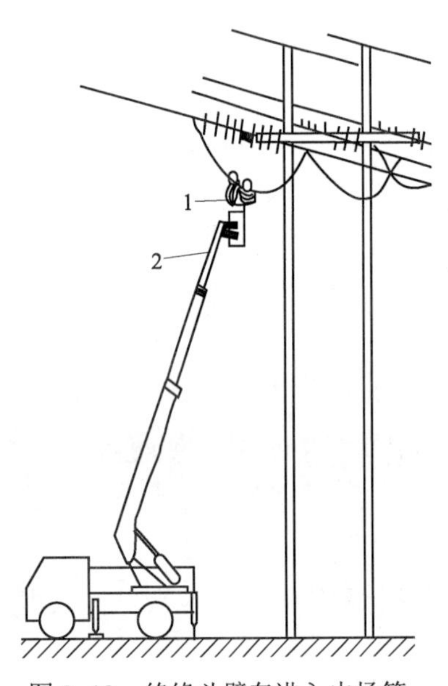


图 2–12　绝缘斗臂车进入电场等电位作业示意图

1—等电位电工；2—绝缘臂

绝缘斗臂车是机械化的载人工具。作业时，利用绝缘斗即可将等电位电工及其作业工具送至空中设备上的等电位作业位置。它可以从导线以外的外空间进入电场，由于等电位作业人员不占据杆塔内空间位置，所以组合间隙有较大的安全裕度。对于净空距离较大的杆塔，在满足组合间隙要求时，也可以从内空间将作业人员送入电场。

绝缘斗臂车由于其机械化程度较高，减轻了作业人员的劳动强度，在安全和效率上是比较理想的带电作业工具。但在农田、山区等道路条件不好的情况下，绝缘斗臂车将无法使用。

2. 等电位作业的安全作业条件

等电位作业的安全保证，除考虑作业人员等电位后对接地体的安全距离外，还要考虑等电位过程中作业人员对带电体、接地体的组合间隙。因为作业人员在等电位过程中，人体所处的电位也在不断地变化着，即地电位→中间电位→等电位。在人体处于地电位状态下，人体与带电体之间存在着电位差，这个电位差就是带电体的对地电压，即相电压。在此状态下，人体是通过对带电体间的安全距离来保证其安全作业条件的。在人体处于中间电位下，人体与接地体之间也存在着电位差，这个电位差随着人体逐渐接近带电体（使人体与带电体之间的电位差越来越小）而越来越大。在此状态下，人体是通过对接地体、带电体之间的组合间隙来保证其安全作业条件的。当人体接触带电体等电位后，人体与接地体之间存在着电位差。这个电位差就是带电体的对地电压，即相电压。在此状态下，同人体在地电位状态下一样，也是通过空气间隙的安全距离来保证其安全作业条件的。人身对带电体的安全距离和组合间隙的最小距离，见表 2–2 和表 2–3。

采用沿绝缘子串进入电场等电位作业时，除保证组合间隙最小距离外，还要保证绝缘子串的良好绝缘子片数，并且作业人员短接绝缘子不得超过 3 片。因此，只有在 220kV 及以上电压等级的输电线路上才有条件采用沿绝缘子串进入电场等电位作业。其良好绝缘子片数不得少于表 2–4 的规定。

**表 2–4　　沿绝缘子串进入强电场良好绝缘子的最少片数**

| 电压等级（kV） | 220 | 330 | 500 | 750 | 1000 | ±500 | ±660 | ±800 |
|---|---|---|---|---|---|---|---|---|
| 良好绝缘子片数（片） | 12 | 19 | 26 | 28 | 40 | 25 | 28 | 35 |

关于电场防护问题，由于带电体周围的场强很高，等电位作业时，等电位电工需穿屏蔽服进行电场防护，屏蔽服各部位要连接可靠。

3. 等电位作业法的工作效率

等电位作业法的工效与其他方法相比也是相对的。每种带电作业方法都有其最佳工效，有时两种方法配合作业才能显示出最佳综合工效。在 220kV 及以上设备上采用地电位作业法操作有困难时，采用等电位作业法作业，其工效将远远超过地电位作业法。但在 66kV 及以下空气间隙较小设备上采用等电位作业法时，由于作业人员占据了杆塔至导线间一定的内空间位置，以及需要安装进入电场等电位作业工具，从安全上、作业时间上来看，等电位作业法的工效，将远远低于地电位作业法。因此，等电位作业法不是在任何场合下都可以应用的。一般说来，电压等级越高。等电位作业越方便、安全，工效也越高。

## 模块 2　带电作业中的高压电场

### 一、电场的基本概念

（一）电场的性质

自然界存在着正、负两种性质的电荷。电荷的周围存在着一种特殊形态的物质，人们称之为电场。电荷在相互作用时有斥力或吸力，同性电荷互相排斥，异性电荷互相吸引。一对同性电荷的电场与一对异性电荷的电场是截然不同的，它们的电场分布图形，如图 2–13 所示。

相对于观察者为静止的，且其电量不随时间而变化的电场称为静电场，例如，在直流电压下两电极之间的电场就是静电场。在工频电压下，两电极下的电量将随时间变化，因而两极板之间的电场也随时间而变化。但由于其变化的速度相对于电子运动速度而言是相当缓慢的，并且电极间的距离也远小于相应的电磁场波长，因此对于任何一个瞬间的工频电场可以近似地按静电场考虑。

将一个静止电荷引入到电场中，该电荷就会受到电场力的作用。研究电场就是要确定电荷在电场中各点所受到电场作用力的大小与方向。在较强的电场中，电荷所受到的作用力也较大。电场的强弱常用电场强度（简称场强）来描述。电场强度是电荷在电场

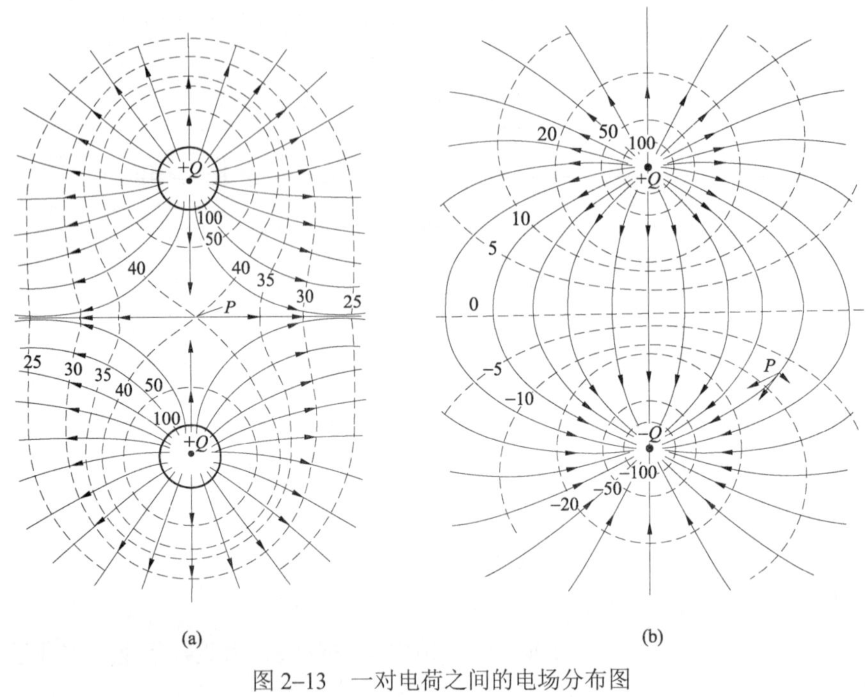


图 2–13　一对电荷之间的电场分布图

（a）一对同性电荷的电场；（b）一对异性电荷的电场

中所受到的作用力与该电荷所具有的电量之比。实际上，电场强度是一个矢量，具有方向性。

人眼不能直接观察到电场，下面用两个实验来证实电场的存在。

**【实验 1】**用两根较长的平行导线，穿过一块绝缘板，两导线的首端加直流电压，末端开路，带电导线周围就形成一个静电场。在水平放置的绝缘板上撒一层薄薄的云母粉，并轻轻地敲击绝缘板。由于介质极化的缘故，云母粉在电场力的作用下沿着电力线顺序排列，形成如图 2–14（a）照片所示的图形。

**【实验 2】**同上布置，但导线的末端闭路，导线内流过电流，绝缘导线的周围产生一个磁场。在绝缘板上撒一层薄薄的铁屑粉，并轻轻敲击绝缘板，由于被磁化的缘故，铁屑粉在磁场力的作用下沿着磁力线顺序排列，形成如图 2–14（b）照片所示的图形。

由于电与磁之间有许多相似性，图 2–14（b）的磁力线图形就相当于电场中的等位线图形，所以将图 2–14（a）与图 2–14（b）重叠就构成图 2–14（c）的合成图形。如果用数学的方法予以处理，就可以画出如图 2–14（d）的电场图形。图 2–14（d）是一对异性电极构成的电场图，两电极之间的连线是电力线，围绕电极的许多偏心圆是等位线。

但是应该注意，电力线和等位线并不是电场中实际存在的线，而是人们为了便于直观和形象化地表达电场而人为地设置的假想线。

有了电场图，可以进一步对电力线与等位线的特性进行分析。在任一电场中，电力线上任何一点，其切线的方向与该点电场强度方向是一致的，因此电力线从正电极出发，

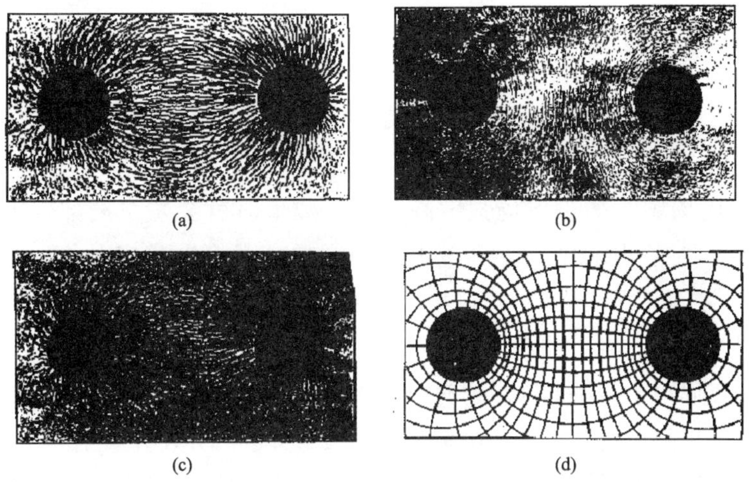

图 2–14　电磁场力线的实验照片

（a）云母粉在电场中的排列图形；（b）铁屑粉在磁场中的排列图形；
（c）图形（a）与（b）的合成图形；（d）经数学处理后人为的电场图形

到负电极终止。电力线垂直于电极的表面，任何两条电力线都不会相交。在作电力线图时，使单位面积上的电力线与场强的大小成正比，电力线的疏密程度就表示了电场的强弱。连接电场中电位相同的点就可做出等位线。在绘制等位线时，如果取各相邻等位线之间的电位差都相等，等位线越密，电场就越强。图 2–15 给出了几种典型电极的电场图形。

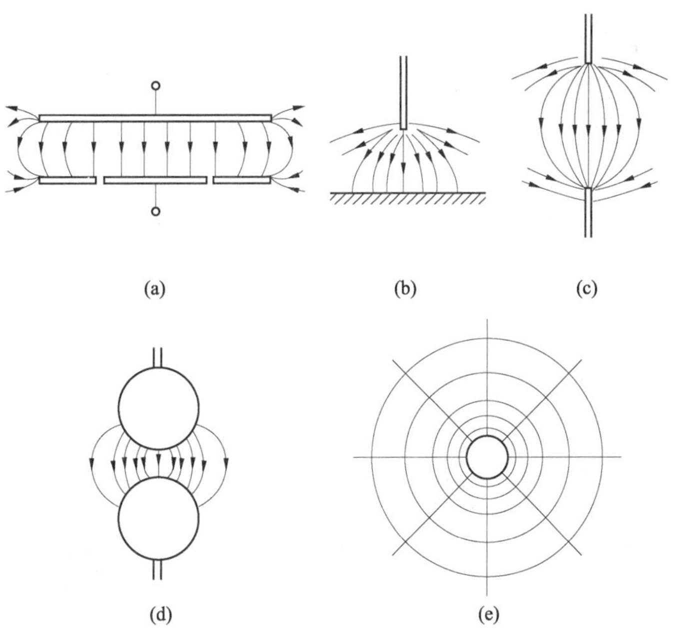

图 2–15　几种典型电极的电场图

（a）平行板电极；（b）［棒—板］电极的电场；（c）［棒—棒］电极的电场；
（d）［球—球］电极的电场；（e）孤立圆球的电场

### （二）静电场中的基本物理现象

#### 1. 简述

在强电工程中应用的材料有绝缘体与导体两大类。绝缘体通常又称为电介质，简称介质。

介质在静电场中，如果电场强度高到某一数值时就会发生局部放电、击穿或闪络等现象。导体在静电场中，受到带电体的影响产生静电感应现象，并具有静电屏蔽效应。

#### 2. 电介质的局部放电、击穿与闪络

当强电场仅局限于很小的区域内时，介质只可能在该区域内发生局部击穿，通常称为局部放电。如果强电场存在于两电极之间的大部分区域并使介质全部丧失绝缘性能，则称之为介质击穿。如果这种击穿发生在固体介质与气体（或液体）介质的交界面，就称为闪络。

#### 3. 导体在电场中的静电感应

当导体接近一个带电体时，靠近带电体的一面会感应出与带电体极性相反的电荷，而背离的一面则感应出与带电体极性相同的电荷，这种现象称为静电感应。

在带电作业中，静电感应现象会对作业人员产生不利的影响，特别是在超高压带电作业中，将会危及作业人员的人身安全。有关静电感应的进一步描述及人体防护，将在有关的章节中详细介绍。

#### 4. 导体在电场中的屏蔽效应

首先看一个小实验，如图 2–16 所示。

图 2–16（a）是验电器靠近带电体时，由于静电感应而使验电器中的金属小叶片张开。图 2–16（b）是当验电器被罩上金属罩后，验电器不再受到静电感应，金属小叶片不再张开。

此外，著名电学家法拉第早年曾做过一个试验。他处于一个对地绝缘的金属网做成的笼子里，让人对金属笼子施加高电压，如图 2–17 所示。在高电压下，金属笼子在空气中对外产生强烈的局部放电，然而法拉第在金属笼子里安然无恙。这个金属笼子就是通常所称的“法拉第笼”。

金属导体在电场中具有屏蔽效应是基于以下一个事实：无论一个金属导体所处的外电场有多么强，导体内部的电场强度始终为零。为了便于分析，以图 2–18 的平板电极为例，在平板电极的电场中放进一块方形金属导体，导体表面也与平板电极平行。当平板电极施加电压后产生电场 $E$，导体在电场中由于静电感应，在靠正极板一侧感应负电荷，靠负极板一侧感应正电荷。因此，在导体内部由于感应电荷而产生内电场 $E'$，其方向与外电场 $E$ 的方向相反。内电场强度随着导体两侧表面感应电荷的积聚不断增长，一直到与外电场强度相等为止。因此，内外两个电场叠加的结果，使导体内的总电场趋近于零。这就是金属导体的静电屏蔽原理。

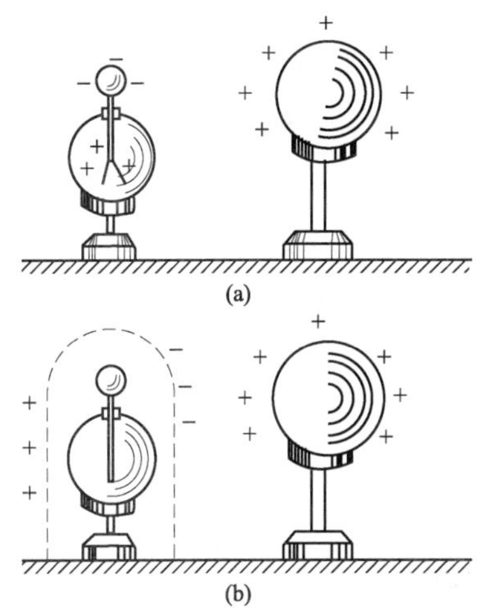


图 2–16　静电屏蔽的实验

（a）验电器上没有金属屏蔽罩；（b）验电器上有金属屏蔽罩

图 2–17　法拉第笼试验

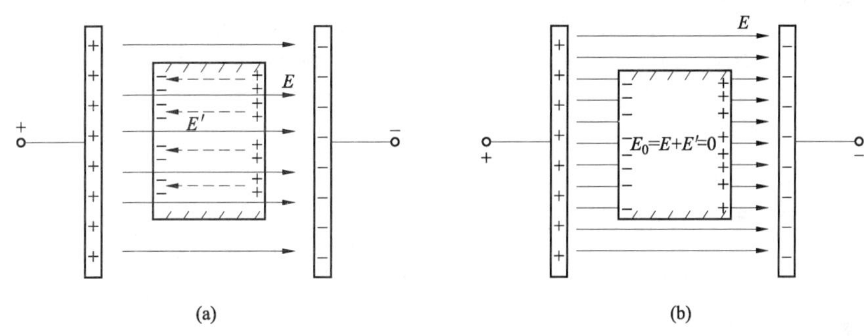


图 2–18　平板电极中金属导体内的电场

（a）金属导体的内电场；（b）金属导体内的总电场

带电作业中，人在强电场中可以视为一个良导体，为了避免作业人员因静电感应现象而产生不适或麻电，需要采取穿屏蔽服的保护措施。屏蔽服的原理就是利用导体的屏蔽效应。实质上，屏蔽服就相当于一个具有人体外形的法拉第笼。

## 二、带电作业中的电场

### （一）研究的意义

带电作业是一项特殊的工程技术，它直接涉及人的生命安全。由于带电作业的现场环境和带电设备布局的千变万化，带电作业的工具和作业方式多样性，人在作业过程中有较大的流动性等因素，使带电作业中的高压电场十分复杂且变化多端。此外，带电作业中的各种间隙，在不同作用电压下的放电特性也各不相同。因此，研究带电作业中的电场可掌握其电特性和间隙在各种电场形式下的放电规律，有利于确定带电作业安全间距和制定带电作业安全规程。

### （二）带电作业中的电场

带电作业中所遇到的电场几乎都是不对称分布的极不均匀电场。作业人员在攀登杆塔或变电所构架，由地电位进入强电场的过程中，构成了各种各样的电场，其中主要的电极结构有：导线—人与构架、导线—人与横担、引线与人—构架、导线与人—横担、导线与人—导线等。

图 2–19 是作业人员检测绝缘子时，沿耐张串进入电场时与沿绝缘硬梯进入直线串电场时人与接地体、带电体两电极之间的位置情况。

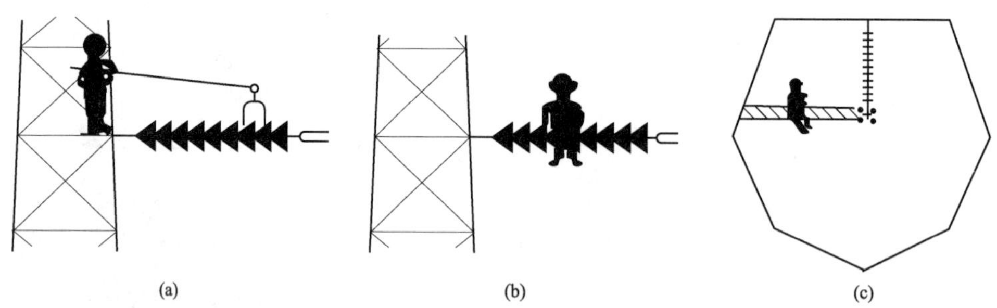


图 2–19　带电作业中人与带电体的位置情况

（a）绝缘子检测；（b）沿耐张串进入电场；（c）沿水平绝缘硬梯进入直线串电场

### （三）电场分布图形的求取

研究带电作业中的电场分布图形能帮助分析和改进作业方式，为保障作业人员的人身安全提供可靠依据，这在当前带电作业技术中是一个很有实用意义的新领域、本节中介绍适用于求取带电作业电场图形的方法、基本原理和测量实例。

1. 求取方法

求取一个电极系统的电场分布图形有计算、实测和模拟测量三种方法。结构简单的电极系统，利用计算法或实测法可以很容易地求得（但实测法准确度很低）。结构复杂且不规则的电极系统，计算法就难以应用。由于带电作业电场的复杂性，可以用模拟测量法，在实验室中利用电解槽求得。此法简单易行，效果也较好。

2. 电解槽模拟测量法的基本原理与测量方法

电解槽模拟测量法是一项成熟的方法，完全能应用于带电作业领域，其基本原理是利用静电场与电流场之间的相似性，通过测取电流场来获得静电场图形。

图 2–20 是利用电解槽模拟测量电位分布的原理图。图中的电极为一对平行的平板电极（当测量某一带电作业电场时，应将实际的电极结构形状与尺寸按同一比例缩小到某合适的程度作为测量电极）。

测量方法：先将指零仪跨接到电位计的滑动触点与探针之间，再将电源与电位计与测量电极同时接通。调节电位计的滑动触头到欲测量的某一电位值，然后移动探针在电解槽内的位置，找出使指零仪指针在零位时的各点，这些点的连线即为欲测电位的等位线。不断改变电位计的滑动触头，使之具有不同的电位，用同样的方法测得电极之间各种电位下的等位线。再根据电力线与等位线相互正交的原理画出电场的电力线，得到该电极系统的电场分布图。

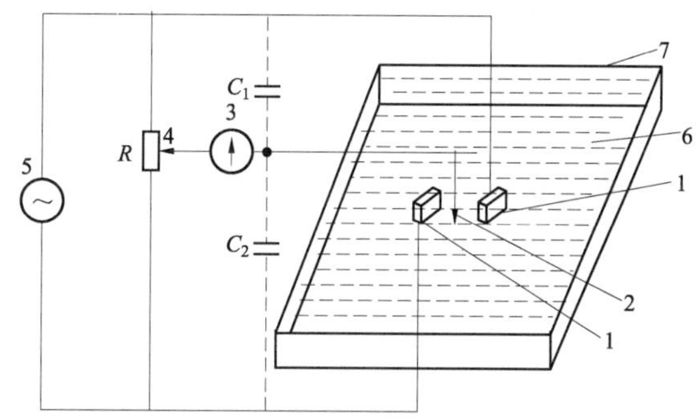


图 2–20　电解槽模拟测量电位分布原理图

1—电极；2—探针；3—指零仪；4—电位计滑动触头；5—电源；6—电解液；7—槽体；$R$—电位计；$C_1$、$C_2$—杂散电容

3. 模拟测量法的设备与基本要求

（1）电解槽本体。电解槽的槽体用绝缘材料制成，一般可选用有机玻璃或塑料。槽体与电极模型的尺寸须满足两个条件：① 相体尺寸比电极模型尺寸大 6 倍以上；② 电极模型的尺寸不宜过小，否则不易测量准确。从实用出发，槽体的宽度和长度一般为 1.5～2.0m，深度约为 0.5m。当电极模型尺寸因形状复杂而显得相对过小时，可来用局部模型的方法解决。

（2）电解液。电解液应具有较低的电导率，以免因电流过大而使电解液局部发热，导致各点电阻率不同而畸变电场。通常使用自来水即可满足要求，但在使用过程中，应保持自来水清洁，无沉淀异物，不变质。

（3）探针。应选用不与电解液发生化学作用的材料制作的探针，以免因接触电阻增大而引起附加电压降。一般采用不锈钢针或镀铜钢针，针头的直径可取 0.1～0.35mm。如果针头直径太大，会影响原电场的分布而降低测量准确度；如果针头直径太小，则探针的刚性不够，容易变形。

（4）电极模型。选用制作电极模型材料的原则与探针相同，一般使用铜或黄铜。为了满足边界条件的一致性，电极模型按实际所需测量的电极系统以一定的比例缩小，使电极模型的几何形状与实物保持一样。

（5）电源。为了产生恒流场，本应使用直流电源，但在直流电压下电极附近会产生极化现象，使接触电阻增大而导致电场畸变，引起较大的测量误差。因此，在实际测量中一般都采用交流电源。

使用交流电源应注意选择电压与频率两个参数。通常，电压取 20～30V。如果电压太低，会影响测量时的灵敏度，电压太高又会使电解液发热。电源频率可取 500～2000Hz。如果频率太低，会使极化效应增大，频率太高则会使探针与模型电极间的杂散电容影响增大。

（6）指零仪。指零仪可用真空管毫伏表，也可用示波器或高灵敏度耳机。

（7）屏蔽。为了减少空间外电场的干扰，所有与电极系统和测量系统连接的导线均应采用屏蔽线。

## 模块3 过电压的基本知识

### 一、过电压的基本概念

电力系统由于外部（如雷电）和内部（如故障跳闸或操作）的原因，会产生对系统绝缘有害而持续时间较短的电压升高，这种电压升高称为过电压。过电压根据其产生的根源可分为大气过电压和内部过电压。

（一）大气过电压

大气过电压是雷电活动引起的，由于过电压来自系统外部，所以又叫作外部过电压。

雷电是怎样引起过电压的呢？我们知道，打雷是空中的放电现象，其放电形式有两种，一种是发生在两块带异性电荷的雷云之间；另一种是发生在雷云与地面之间。雷电的放电过程，也就是正负电荷间的中和过程。前者对系统危害性较小，后者对系统的危害性较大，是系统大气过电压的主要根源。

大气过电压根据其雷击方式，又可分为直击雷过电压和感应雷过电压。

1. 直击雷过电压

当雷电直接对输电线路或电气设备放电时，强大的雷电流将通过设备本身或设备的接地装置导入大地，从而产生破坏性很强的热效应和机械效应，这就是我们所说的直击雷过电压。

线路绝缘所能耐受特定波形的直击雷而不会发生闪络的最大雷电流幅值，称为该线路的耐雷水平。显然，额定电压越高的线路，因为其绝缘水平比较高，所以其相应的耐雷水平也比较高。例如，110kV 线路采用 7 片 X–4.5 绝缘子时，其冲击绝缘水平为 700kV，耐雷水平一般为 40～75kA；220kV 线路采用 13 片 X–4.5 绝缘子时，其冲击绝缘水平为 1200kV，耐雷水平为 80～120kA。

2. 感应雷过电压

当雷云飘到架空线路上空时，就会在导线上感应出大量与雷云极性相反的感应电荷。如果这时雷云对避雷线或线路附近的其他目标进行主放电，空中的电荷消失，使导线上的感应电荷失去了束缚，立即以光速向导线两侧传播、由于主放电的速度很高，故导线上电流也很大，由此形成过电压，这种感应雷引起的过电压称为感应雷过电压。

感应雷过电压幅值的大小与雷云对地放电时的雷电流幅值大小、导线对地平均高度及线路距雷击点的距离等因素有关，其最大值可按式（2–1）、式（2–2）计算

$$当 S>50m 时，U_g \approx 25\frac{Ih_d}{S} \qquad (2-1)$$

$$当 S\leqslant 50m 时，U_g \approx ah_d \approx \frac{I}{\tau_t}h_d \qquad (2-2)$$

式中　$U_g$——感应过电压最大值，kV；

$I$——雷云对地放电电流最大值，kA，一般取 $I\leqslant 100$kA；

$h_d$——导线对地平均高度，m；

$S$——雷击点与线路的水平距离，m；

$a$——雷电流陡度；

$\tau_t$——雷电流波头长度，取 2.6。

感应雷过电压幅值一般要比直击雷过电压幅值小得多，很少达到 500～600kV，但这样的过电压幅值也足以使 60～80cm 的空气间隙击穿，使 35kV 及以下架空线路的绝缘发生闪络，对 60kV 线路绝缘也会造成威胁，但对 110kV 及以上线路的绝缘无大影响。

（二）内过电压

运行中的电力网络由于故障跳闸或操作等原因而引起的电压升高，由于这种过电压来自系统内部，所以称为内过电压，又称操作过电压。

内过电压是由于电流突变引起的，不论是开关切合，还是断线、短路，都会改变系统运行参数，使电感、电容发生变化，引起能量转化和传递的过渡过程。内过电压就是在这个过渡过程中产生的。

内过电压的种类很多，按其产生的原因，可分为切合空载线路过电压、切合空载变压器过电压、电弧接地过电压以及谐振过电压等。

1. 切合空载长线路等电容性负荷时的过电压

由于空载线路容抗比感抗大得多，故可认为空载线路为容性负荷，且线路越长，电容越大。在切合空载长线路或电容器组时，由于电容器反向充放电，使开关触头间发生电弧重燃。这是因为电容电流在相位上超前电容电压 90°，虽然在电流过零时熄灭，但这时正好是电压达到最大值的时候，如果开关触头间的绝缘还未能恢复正常，则将发生电弧重燃，并构成振荡，引起过电压。从理论上讲，随着电弧重燃次数的增加，过电压幅值将成几倍的增长。但实际上，由于各种原因，切断空载长线的过电压，在中性点不直接接地系统中，一般不超过最高运行相电压的 3～4 倍；在中性点直接接地系统中，一般不超过最高运行相电压的 3 倍。

2. 切合空载变压器等电感性负荷时的过电压

变压器、消弧线圈等都属电感元件、在切断电感元件的电流时，线圈中的磁场能量将转变为电能。如果附近没有足够的电容器来吸收这些能量，开关的强制熄弧将会引起系统的电压升高，产生过电压。这种过电压与开关结构、回路参数、中性点接地方式、变压器接线类型等因素有关。在中性点不直接接地或经消弧线圈接地的 10～66kV 系统中，过电压幅值一般不超过最高运行相电压的 4 倍；在中性点直接接地的 110～500kV 系统中，过电压幅值一般不超过最高运行相电压的 3 倍。

3. 电弧接地过电压

单相电弧接地引起的过电压，只发生在中性点不直接接地系统中。在这样的系统中，如果一相对地起弧，接地电流较大，电弧就不易熄灭，呈现熄弧和重燃的不稳定交替过程，引起其他两相对地电容的振荡，出现较高的过电压、根据实测数据，这种过电压幅值最大为最高运行相电压的 3.2 倍，绝大部分均小于 3 倍。

4. 谐振过电压

当系统因开关操作或断线、电压互感器铁心饱和以及非全相拉合闸等原因，使系统的感抗和容抗相等，即 $\omega_L=1/\omega_C$，也就是说，外加电源的频率（或者是它的各次谐波频率）与电路固有的自振频率相等，电路中就会出现电压谐振，从而产生过电压，这种过电压叫作谐振过电压。

5. 工频电压升高

研究过电压问题还应考虑工频电压的升高。

系统在运行中突然甩负荷、空载长线路的电容效应或单相接地，都会引起工频电压升高。这些动态电压的升高对系统绝缘不构成危险，但当工频电压升高与内部过电压同时出现时，内部过电压的绝对值等于升高后的工频电压值乘上内部过电压倍数，增加了内部过电压的绝对值、这种内部过电压的绝对值，对计算选择带电作业的安全距离是至关重要的。

（三）带电作业中的过电压水平

1. 大气过电压水平

在带电作业地段有雷电活动时，不允许进行带电作业，这是在《安规》中所明确规定的。因此，在考虑带电作业中的大气过电压水平时，主要考虑远方落雷，雷电波沿线路导线传到作业地点对带电作业所造成的影响。

确定大气过电压的幅值，主要依据线路的绝缘水平，同时也要考虑雷电前行波到达作业地点时的衰减情况。

当线路落雷后，不管是直击雷还是感应雷，雷电波均以 $3\times10^5$km/s 的速度向导线两侧传播，形成雷电前行波。由于导线电阻、导线线间及对地电容、导线的集肤效应、空气中的介质极化、电晕等影响，雷电前行波在传播过程中要发生变化和衰减，其衰减值与起始雷电压幅值及传播的距离有关，可用浮士德—孟善提出的经验公式计算，见式（2–3）

$$U_s=\frac{U_0}{KxU_0+1} \tag{2–3}$$

式中 $U_s$——大气过电压衰减值，kV；

$U_0$——波的起始电压，kV；

$x$——落雷处距作业地点的距离，km；

$K$——衰减系数（测得值）。

$K$ 值的变化范围是由各种因素，如导线的排列方式和波的形状等所决定的。一般说来，短波的值比长波的大些；波在单根导线上传播的值比在多根导线上传播要大些。$K$ 值在 $0.16\times10^{-3}$～$1.2\times10^{-3}$ 之间，考虑最不利情况，一般取 $K=0.16\times10^{-3}$。

大气过电压的起始电压幅值 $U_0$，取决于线路的绝缘水平。如果 $U_0$ 的幅值超过线路绝缘子串的雷电冲击闪络电压.那么在雷电前行波经过最近一串绝缘子时，该串绝缘子必然发生闪络，雷电压将消失。只有当 $U_0$ 的幅值低于线路的绝缘水平，它才有可能沿导线向作业地点传播。因此，$U_0$ 的最大值就是绝缘子串的雷电冲击闪络电压值。

绝缘子串的雷电冲击闪络电压值可以从《电力设备过电压保护设计技术规程》等有关资料中查得。现将有关内容列于表 2–5 中。

**表 2–5　　　　架空线路绝缘子回电冲击闪络电压值**

| 额定电压（kV） | 绝缘子片数（片） | 绝缘子型式 | 50%冲击放电电压（kV，正极性） |
|---|---|---|---|
| 110 | 7 | XP–4.5 | 700 |
| 220 | 13 | XP–4.5 | 1200 |
| 330 | 19 | XP–10 | 1645 |
| 500 | 28 | XP–16 | 2366 |

2. 内过电压水平

由于内部过电压的能源来源于系统本身，所以它的幅值与系统的工频电压密切相关。因此，内部过电压幅值的大小，是以系统的最高运行相电压的倍数来表示的。内部过电压的幅值可按式（2–4）计算

$$U_{\mathrm{N}}=\frac{\sqrt{2}U_{\mathrm{H}}}{\sqrt{3}}k_0k_1 \tag{2–4}$$

式中 $U_{\mathrm{N}}$——内部过电压幅值，kV；

$U_{\mathrm{H}}$——统额定电压，kV；

$k_0$——过电压倍数；

$k_1$——电压升高系数。

内部过电压倍数 $k_0$ 值，根据《电力设备过电压保护设计技术规程》确定。电压升高系数 $k_1$ 取允许电压变动的上偏差值。$k_0$、$k_1$ 值见表 2–6。

**表 2–6　　　　过电压倍数 $k_0$ 及电压升高系数 $k_1$**

| 电压等级（kV） | $k_0$ | $k_1$ |
|---|---|---|
| 110～154（非直接接地） | 3.5 | 1.15 |
| 110～220（直接接地） | 3 | 1.15 |

续表

| 电压等级（kV） | $k_0$ | $k_1$ |
|---|---|---|
| 330（直接接地） | 2.75 | 1.10 |
| 500（直接接地） | 2.5 | 1.10 |

## 二、空气的绝缘水平

空气绝缘水平是确定带电作业安全距离的一个重要因素。因此，我们必须了解和正确掌握空气的绝缘特性。

空气的绝缘水平，可用它产生放电时的击穿电场强度或放电电压来衡量。那么气体是怎样发生放电的呢？下面来了解气体的放电机理。

大气中存在着宇宙线、红外线等各种射线，空气中的气体分子在射线作用下游离为正离子和负离子，所以在常态的空气中都存在着离子、如果在一段空气间隙上施加一定的电压，空气中的正、负离子在电场力的作用下，相互运动而产生电流。在一般情况下，这种电流是很小的，不会使空气丧失绝缘。只有当间隙上施加的电压高到一定程度时，才能加速正负离子的游离碰撞运动，出现“电子崩”现象。造成气隙的击穿。此时，间隙内的平均电场强度称为气体的击穿电场强度；间隙上所施加的电压称为气体的放电电压或击穿电压。

### （一）影响空气绝缘强度的因素

影响气体放电的因素很多。相同长度空气间隙的击穿电压与间隙两侧的电极形状、电压波形以及气象条件（气温、湿度和气压）等因素有关。

#### 1. 电极形状对空气击穿电压的影响

由于电极形状的不同，电场分为均匀电场和不均匀电场。在均匀电场中（如板—板间），放电是完全的，它的起始放电电压，即是间隙的击穿电压；在不均匀电场中（如棒—棒、棒—板间），放电则是从不完全放电开始，最后才发展为完全放电，它的起始放电电压即电晕电压，比击穿电压低。

实际上，在带电作业中我们所遇到的电场，大多是不均匀电场。如架空线路的导线间；带电导线对杆塔、构架或横担间；作业人员对带电体以及等电位电工对接地体之间等，都属于不均匀电场。在不均匀电场中，当电场强度不高时，气体游离的过程只限于在电场强度较高的电极周围，形成稳定的电晕或不稳定的火花，即不完全放电，但当电压继续升高，达到电极间的击穿电压时，不完全放电就发展为完全放电将电极间隙击穿。

#### 2. 电压波形对空气击穿电压的影响

目前，高电压工程中最常用的波形有三种，即工频正弦波、操作波和雷电波。工频正弦波是长波头，波头时间为5000μs，放电电压偏低；雷电波为短波头，波头时间为1.5μs，放电电压较高；操作波波头介于两者之间。对于一定波形的冲击电压来说，击穿电压的大小不仅取决于空气间隙的距离，也取决于波头时间。有关院所在操作波电压下，对棒—板间隙击穿电压全波伏秒特性进行了试验，其结果见表 2–7 所示；并根据其试验数据，绘制出图 2–21 曲线，以供查用。

表 2–7　　棒—板间隙放电电压全波伏秒特性

| 试验电压波头时间/试验电压波尾时间（μs） | 间隙距离 $S$（m） | | |
|---|---|---|---|
| | 1.0 | 2.0 | 3.0 |
| | $U^*_{50\%}$（kV） | | |
| 1.5/40 | 510 | 1070① | 1640 |
| 120/6000 | 380 | 660 | 880 |
| 175/1000 | 390 | 660 | 930 |
| 225/2400 | 420 | 680 | 850 |
| 450/6000 | 430 | 740 | 990 |
| 775/6000 | 440 | 780 | — |
| 5000（工频） | 450 | 882 | 1250② |

注　① 放电电压已校正到标准状态。
② 工频放电电压为最大值。
$U^*_{50\%}$ 为 50%击穿电压，系指在该试验电压作用下，间隙被击穿的概率为 50%。

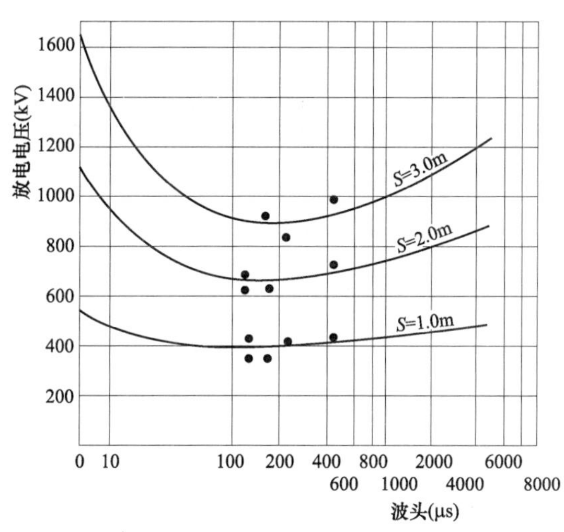


图 2–21　棒—板间隙放电电压全波伏秒特性

全波伏秒特性呈 U 形，在 U 形曲线的最低点，放电电压最低，与其所对应的波头时间，称为“临界波头时间”。它一般出现在 100～250μs 之间，与其所对应的放电电压称为“临界波头放电电压”。该放电电压一般都低于工频放电电压。因此，过去根据空气间隙的工频放电特性确定带电作业的安全距离，是很不安全的，应按操作被放电特性考虑，放电电压波头时间/放电电压波尾时间选用（250±50）/（2500±1000）μs。同时，绝大多数的电极形状，负极性操作波的放电电压比正极性高，所以考虑带电作业安全距离时，应采用正极性波放电电压值。

3. 气候条件对空气击穿电压的影响

在同一电极下，不同气象条件的放电电压是不同的，它与空气的压力、温度和湿度有关。一般说来，气压越低，空气间隙放电电压就越低，温度增高和湿度增大，空气间隙的放电电压也将降低。

因此，在作间隙放电电压试验时，由于气象条件不可能完全一样，所以试验数据都要校正到标准气象状态。标准气象条件是气压为 $1.0133\times10^5$Pa、气温为 293K（20℃）、标准湿度为绝对湿度这种组合气象条件。

带电作业的安全距离，是依据标准气象条件制定的。因此，我国大部分地区在执行中都不必做气压修正，只有在西北高海拔地区，才做相应的气压修正。

（二）空气的放电特性

上述多种因素对放电电压均有影响，把不同电极、不同气隙、不同波形的放电电压试验值，换算到标准气象条件的放电电压值并绘成一组曲线，这种曲线称为空气间隙的放电特性曲线，如图 2–22 所示。

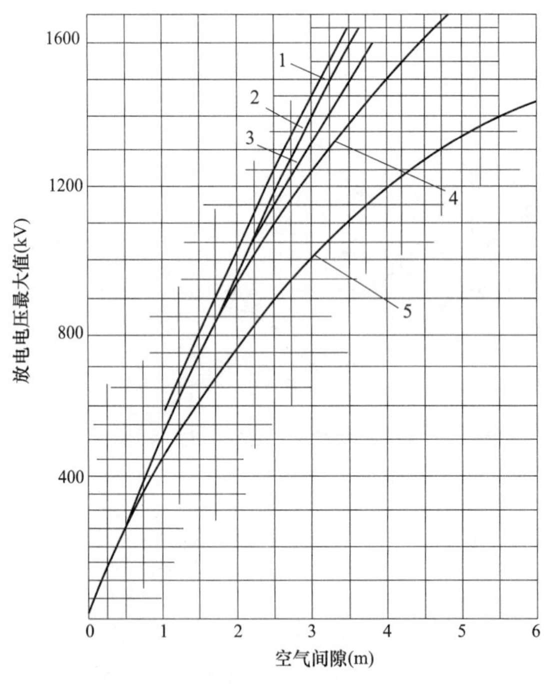


图 2–22　空气间隙的放电特性曲线

1—导线对导线（工频）；2—导线对杆塔支柱（工频）；3—导线对横担（工频）；
4—棒对板间隙（工频）；5—棒对板间隙（120/4000μs 正极性操作波）

雷电波放电特性曲线如图 2–23 所示。标准雷电波的波形为 1.5/40μs。由于雷电波的波头为短波头，在 U 形伏秒特性曲线的首端，电压从零到最大值的时间极短，所以冲击放电电压比工频正弦波及操作波都高得多。雷电波分正负两种极性，一般正极性放电电压比负极性低。自然界约有 90%的直击雷是负极性的，相当于在导线上施加正极性过电压，所以在确定大气过电压作用下的安全问题时，应按正极性考虑。

雷电波的冲击放电特性与工频和操作波不同，即使很长时间隙，放电电压与间隙距离仍然是线性关系。此外，电极形状对放电电压的影响相对来说也较小。因此，在计算带电作业大气过电压的安全距离时，可取棒—板间隙的单位冲击绝缘强度 $E$=547kV/m 计算。

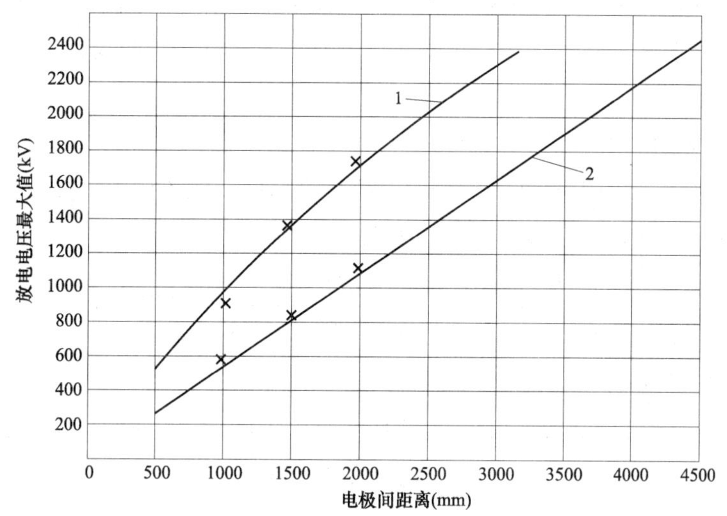


图 2–23　1.5/40μs 全波棒—板间雷电波冲击放电电压曲线

1—负极性；2—正极性

## 模块 4　带电作业安全距离

带电作业的安全距离是保证带电作业人身和设备安全的关键。确定安全距离的原则，就是要保证在可能出现的最大过电压的情况下，不致引起设备绝缘闪络或空气间隙放电。

确定安全距离的步骤为：首先应计算出系统可能出现的最大大气过电压幅值和最大内过电压幅值，然后计算出相应的危险距离，并对两种危险距离进行比较，取其最大值，再增加 20%的安全裕度来确定带电作业安全距离。

### 一、按大气过电压计算放电危险距离

计算大气过电压危险距离，首先应计算线路远方落雷时雷电波传到作业地点衰减后的大气过电压幅值 $U_S$，为

$$U_S = \frac{U_0}{KXU_0 + 1} \tag{2-5}$$

式中 $U_S$——衰减后的大气过电压幅值，kV；

$U_0$——雷电波的起始电压，kV；

$K$——衰减系数，一般取（0.16～1.2）$\times 10^{-3}$；

$X$——落雷点距作业地点的距离（衰减距离），km。

一般按最坏的情况设想，假定在离作业地点 5km 处落雷，那么根据式（2–5）就可计算出到达作业地点衰减后的大气过电压幅值，并根据其幅值查图 2–24 曲线或直接除以空气间隙单位长度冲击绝缘度 547kV/m 计算。

**【例 2–1】**在某 110kV 线路上带电作业，该线路采用 7 片 X–4.5 绝缘子。试求在距作业地点 5km 外落雷时，沿线路传到作业地点的最大大气过电压值及相应的放电距离各为多少？

**解** （1）求衰减后作业地点大气过电压值 $U_S$。

7 片 X–4.5 绝缘子串 50%冲击放电电压值，查《电力设备过电压保护设计技术规程》得 $U_{50\%}$=700kV（正极性），代入式（2–5）得

$$U_S=\frac{U_0}{KXU_0+1}=\frac{700}{0.16\times 10^{-3}\times 5\times 700+1}=447\text{（kV）}$$

（2）求 $U_S$ 的放电距离。

因为雷电波近似于 1.2/40μs 的冲击波形，所以查图 2–24 曲线 2，或 $U_S$ 值直接除以 547kV/m。得出 447kV 大气过电压的放电距离是 0.8m。

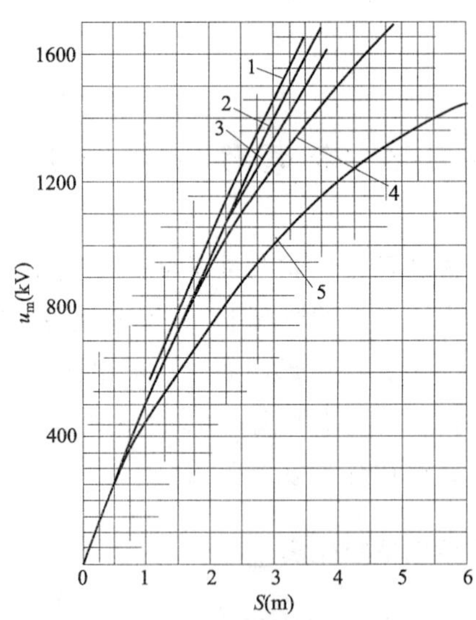


图 2–24 空气间隙的放电特性曲线

1—导线对导线（工频）；2—导线对杆塔支柱（工频）；3—导线对横担（工频）；4—棒对板间隙（工频）；5—棒对板间隙 1120/4000μs 正极性操作波；$u_m$—放电电压最大值；$S$—空气间隙

## 二、按内部过电压计算放电危险距离

计算内部过电压危险距离时，首先按式（2–6）计算内部过电压最大幅值。然后根据其最大幅值，按图 2–24 曲线 5 计算放电危险距离。

$$U_{\mathrm{N}}=\frac{\sqrt{2}U_{\mathrm{H}}}{\sqrt{3}}K_1K_2 \tag{2–6}$$

**【例 2–2】**试求在中性点直接接地的 110kV 线路上带电作业时可能出现的最大内部过电压值及相应的放电距离？

**解**（1）求最大内部过电压值 $U_{\mathrm{N}}$。

查《电力设备过电压保护设计技术规程》可知 110kV 线路内部过电压倍数 $K_1$ 为 3，电压升高系数 $K_2$ 为 1.15，代入式（2–6）得

$$U_{\mathrm{N}}=\frac{\sqrt{2}\times110}{\sqrt{3}}\times3\times1.15=310\,(\mathrm{kV})$$

（2）求 $U_{\mathrm{N}}$ 的放电距离。

查图 2–24 曲线 5，可得 $U_{\mathrm{N}}$ 的放电距离为 0.7m。

## 三、确定带电作业安全距离

确定带电作业安全距离时，首先要对大气过电压的放电距离和内部过电压放电距离进行比较。以上述两个例题为例：110kV 线路接最大大气过电压计算放电距离为 0.8m，按内部过电压计算放电距离为 0.7m。虽然 110kV 线路的放电距离受大气过电压控制，但两者基本接近，在考虑 20%安全裕度后，大气过电压的安全距离为 0.96m，内部过电压的安全距离为 0.84m。因此，推荐 110kV 线路带电作业最小安全距离为 1m 是比较可靠的。

按照上述方法计算出各电压等级线路在大气过电压和内部过电压情况下的危险距离，取其中最大的数再增加 20%裕度的距离，即得到人身与带电体的最小安全距离，见表 2–8。

**表 2–8　　人身与带电体的最小安全距离**

| 电压等级（kV） | 110 | 220 | 330 | 500 | 750 | 1000 | ±400 | ±500 | ±660 | ±800 |
|---|---|---|---|---|---|---|---|---|---|---|
| 距离（m） | 1.0 | 1.8 | 2.6 | 3.4 | 5.2 | 6.8 | 3.8 | 3.4 | 4.5 | 6.8 |

## 四、组合间隙

组合间隙是带电作业中经常遇到的问题，例如在绝缘人字梯、绝缘立梯或绝缘水平梯上的中间电位作业以及在等电位作业过程中进出电场都存在着组合间隙问题。

那么什么是组合间隙呢？简单地说，带电作业时，在接地体与带电体之间单间隙的基础上，由于人体的介入，将单间隙分割为两部分，即人体对接地体之间和人体对带电体之间的两个间隙，这两个间隙的总和，我们称之为组合间隙，即 $s_z=s_1+s_2$，如图 2–25 所示。

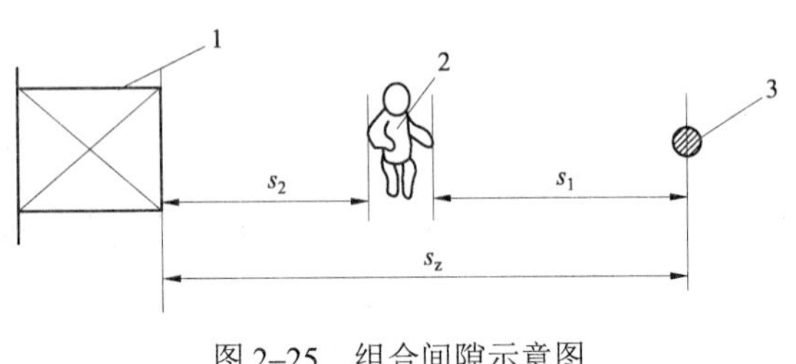


图 2–25　组合间隙示意图

1—杆塔（接地体）；2—人体；3—导线（带电体）

组合间隙是一种特殊的电极形式，通过有关部门对组合间隙的试验，我们对其放电规律有了初步的认识。组合间隙的放电间隙都比同等距离、同种电极型的单间隙的放电电压降低了 20%左右。因此，在确定组合间隙安全距离时，仍然以单间隙的最小安全距离为基础。一般组合间隙的最小距离都比单间隙的人身对带电体最小安全距离大 20%左右。

## 模块 5　静电感应及防护

### 一、静电感应基本概念

在带电作业中，经常存在着静电感应现象。根据电学的基本原理，我们知道静电感应现象存在于静电场中。而带电作业中的电场是交流工频电场，它是一种变化缓慢的电场，可被视为是静电场，因之也存在着静电感应现象。

当移动一个导体接近一个带电体时，靠近带电体的一侧，会感应出与带电体极性相反的电荷；而远离带电体的另一侧，会感应出与带电体极性相同的电荷，这种现象被称为静电感应现象。

### 二、静电感应电压的强度

电场中对地绝缘的导体，因静电感应产生的感应电压值，与带电体上的电压、导体的几何形状与尺寸、导体与带电体之间的电容、导体与接地体之间的电容等都有关系。

导体上的感应电压可根据电容分压关系求得

$$U_0=U\frac{C_1}{C_1+C_0} \tag{2–7}$$

式中　$U_0$——对地绝缘的导体上的感应电压，kV；

$U$——带电体上的电压，kV；

$C_1$——导体与带电体之间的电容，F；

$C_0$——导体与接地体之间的电容，F。

## 三、带电作业中的静电感应

（1）当人对地绝缘时。例如，当带电作业人员穿着绝缘鞋攀登到杆塔窗口处时，用手触摸塔身而产生刺痛感，即属于静电感应现象。原因是由于人体与地绝缘，因此在进入强电场的过程中，因静电感应而积聚一定量的电荷，使作业人员处于某一电位。这种情况下，当人体的暴露部位触摸到接地体时，由于人体处于一定的感应电压的作用下，人体上积聚的电荷就会对接地体放电，形成放电电流，当电流达到一定数值时，就会产生上述感觉。根据试验及实际线路上测量结果表明，在作业人员不穿屏蔽服的情况下，110kV 线路上的感应电压最高可达 1kV 以上；在 220kV 线路上最高可达 2kV 左右。

（2）当人处于地电位时。例如，在工作现场，站在地面上的工作人员用手触摸到强电场中悬空的大件物体时（金属或其他导电体），会产生刺痛感，属于又一种静电感应现象。原因是在电场中，如果有一个对地绝缘的金属物体，该物体也会由于静电感应而在其上积聚一定量的电荷，使其处于某一电位。此时，处于地电位的人用手触摸该物体，物体上积聚的电荷将会通过人体对地放电，当放电电流达到一定数值时，便会产生上述感觉。

（3）断开空载线段时，如有一相尚未断开，另外二相已断开导线未接地时，由于静电感应现象，断开相导线上仍然有感应电压；当将空载段线路中的一相接入系统后，另二相在未接地的情况下，同样会产生感应电压。上述感应电压随线段的长度、感应源电压的增加和接近距离的减少而增加。当作业人员接触因静电感应而带有电压的导线时，就会有麻电感。

（4）因载波通信需要，有些输电线路的架空地线对地是绝缘的。因此，同样会有感应电压。实测表明；220kV 绝缘架空地线上的感应电压，最低为 1800V，最高达 7400V；500kV 绝缘架空地线上感应电压为 8250V。

（5）在变电站（或电厂）中已退出运行并置于绝缘物体上的金属件也有感应电位，人触及会产生麻电感。

## 四、防止静电感应危害的主要措施

为防止带电作业中由于静电感应给作业人员带来的危害，而采取如下一些措施：

（1）作业人员在 110～330kV 塔上或构架上进行间接作业时，要穿报废的屏蔽服做成的导电鞋，导电鞋做成松紧带布鞋式样。这种导电鞋，成本低廉，且导电性能良好，穿着舒适。

（2）断开或接通空载线段时，已断开的相或尚未接通的相，以及变电站（或电厂）中退出运行设备的金属件部分均应良好接地。

（3）接触绝缘架空地线前，应将有绝缘柄的接地线先行接地。接地程序是：先将接地线的一端与杆塔相连，然后手持绝缘柄将接地端与架空地线接通。拆除程序与上述相反。

## 模块 6　泄漏电流对带电作业的危害

### 一、泄漏电流的概念

在强电场中进行带电作业，例如，使用绝缘工具进行间接带电作业；用水枪带电冲洗绝缘子串；在杆塔横担一侧摘挂绝缘子串以及在载流导体上进行等电位作业等，分别组成带电体与接地体之间的各种通道，而形成这些通道的绝缘材料，在内、外因素的影响下，会通过一定的电流，习惯上称这种电流为泄漏电流。

### 二、带电作业中的泄漏电流

1. 绝缘工具的泄漏电流

绝缘工具的泄漏电流，主要是沿绝缘材料表面通过的电流。是由附着于其表面的杂质（水分、酸及其他物质）离子或绝缘介质自身的离子移动所引起的。

间接作业过程中，作业人员使用绝缘杆进行操作或安装时，人体与绝缘工具一般是呈串联状态。从绝缘工具通过的泄漏电流，将全部通过人体泄入大地。此电流为

$$I=\frac{U}{R_\mathrm{i}+R_\mathrm{m}}\approx\frac{U}{R_\mathrm{i}} \tag{2–8}$$

式中　$I$——通过人体的泄漏电流，mA；

$U$——施加于绝缘工具两端的电压，kV；

$R_\mathrm{i}$——绝缘工具的电阻，Ω；

$R_\mathrm{m}$——人体的电阻，Ω。

因为 $R_\mathrm{i}>>R_\mathrm{m}$，所以 $I$ 主要由绝缘工具的电阻率决定。带电作业使用的环氧树脂类绝缘材料的电阻率很高，用这种材料制成的绝缘工具，其绝缘电阻可达到 $10^{12}$ 以上。正常情况下，绝缘操作杆等绝缘工具的泄漏电流都在几微安以下。这种泄漏电流大大低于人体对工频交流电的感知水平（1mA）。因此，可不予考虑。

绝缘工具因受潮等原因，它的体积电阻率及表面电阻率将下降两个数量级（从 $10^{13}$ 下降到 $10^{11}$）。这样，泄漏电流将上升两个数量级（从 $10^{-6}$ 要上升到 $10^{-4}$），而接近 mA 级水平。这时，将会对人体造成一定的危害及影响。

为了防止绝缘工具因受潮等原因，形成过大的泄漏电流而危及人身安全，通常在绝缘工具的尾端，安装体积小、灵敏度高的泄漏电流报警装置。当泄漏电流达到整定值即发出报警，作业人员立即停止工作，从而保证了安全。

2. 绝缘子串的泄漏电流

干燥清洁的绝缘子串，由于其绝缘电阻值很高，而每片绝缘子的电容量又很小，所

以沿绝缘子串通过的泄漏电流不会超过几十微安。如果绝缘子表面受污秽或相对湿度过大的空气的影响，泄漏电流也可能达到 mA 级。工作人员在杆塔的横担侧摘挂绝缘子时，若此时绝缘子的另一端尚未脱离带电体，绝缘子串的泄漏电流将通过人体泄入大地。为了防止因此而造成的不良后果，一般要求杆塔上作业人员一定要穿着屏蔽服，使泄漏电流经屏蔽服的手套和衣裤入地。

3. 在带电水冲洗中水柱的泄漏电流

这种泄漏电流是带电作业中比较危险的一种。由于水柱本身的构成因素很复杂，由于各种外因（如气流，附近环境条件等）的影响，使电流的变化规律比较分散。

经过多次试验可知：水柱泄漏电流大体上随水柱长度的增加、水电阻率的增大而减小，但减小的幅度并不显著，反而随口径的增大而增大。

在带电水冲洗中，除小型水冲洗外，大、中型水冲洗，沿水柱通过的泄漏电流，大都超过了 1mA，有时甚至会达到几十毫安，对人体将形成一定的危害。所以，在大、中型水冲洗中，必须采取限制通过人体泄漏电流的防护措施。最常用的措施是在喷枪握手部分前加一条接地线。它与人体形成并联回路，达到分流的目的。经测得：大型水冲洗喷嘴接地后，通过人体的泄漏电流只是水柱泄漏电流的 1%～5%，使其被限制在 1mA 以内，而不再危及人身安全。

## 模块 7　强电场的危害及其防护

### 一、导线表面及周围空间场强分析

众所周知，运行中的导线在其表面及周围空间存在着电场，且该电场属于不均匀电场，即电场中各点的电场强度不全相同，导线表面的电场强度高于周围空间的电场强度。如导线表面或周围空间的电场强度达到某一数值，空气介质就会被击穿，而产生稳定的局部气体放电现象。当这种放电现象出现在导线表面时，就形成电晕。

1. 导线表面电场强度

导线开始产生局部电晕时的电压称为起始电晕电压，随着电压的升高，电晕放电逐步扩大到全部表面，形成了全面电晕。将开始出现全面电晕时的导线表面电场强度称为临界电场强度（用 $E_0$ 表示，一般在 30～31kV/cm 之间）。表 2–9 列出了常用导线临界电场强度的数值。

**表 2–9　　常用导线临界电场强度**

| 导线型号 | LGJQ–300 | LGJQ–400 | LGJQ–500 | ACSR37/2.93 | LGJJ–240 | LGJJ–300 |
|---|---|---|---|---|---|---|
| 半径（cm） | 1.176 | 1.36 | 1.51 | 1.03 | 1.12 | 1.26 |
| $E_0$（kV/cm） | 31.65 | 31.2 | 30.8 | 32.2 | 31.8 | 31.4 |

续表

| 导线型号 | LGJJ–400 | LGJ–185 | LGJ–240 | LGJ–300 | 3×LGJQ–400 | 4×LGJQ–300 |
|---|---|---|---|---|---|---|
| 半径（cm） | 1.45 | 0.95 | 1.08 | 1.21 | — | — |
| $E_0$（kV/cm） | 31.0 | 22.5 | 32.0 | 31.7 | 30.6 | 31.3 |

影响导线表面及周围空间电场强度的因素很多，大致有：

（1）与输电线路的运行电压成正比。运行电压越高，$E_0$越大。

（2）相间距离增加 10%，场强增大 1.5%～2.5%。

（3）导线对地距离增加时，场强减少。

（4）分裂导线的子导线数目增加，电场强度降低；子导线间距增加，电场强度降低。

（5）水平排列导线，中相场强最大，边相较小。

（6）导线表面氧化、积污程度越严重，局部电场强度越大；导线表面毛刺越多，局部电场强度越大。

（7）导线直径越大，场强越小。

表 2–10 列出 110～500kV 线路导线表面最大场强（测量高度：导线对地距离 10m）。从表 2–9 可见，所列导线的表面最大场强小于空气临界击穿场强幅值（25～30kV/cm），故一般不会发生电晕现象。

**表 2–10　　导线表面最大场强（$E_{max}$）的计算结果**

| 电压等级（kV） | 最高相电压有效值（kV） | 导线半径 $r$（cm） | $E_{max}$（kV/cm）（有效值/峰值） | 导线型号及 $D$（cm） |
|---|---|---|---|---|
| 110 | 70.3 | 0.95 | 9.9/14.0 | LGJ–185×1 |
| 220 | 140.0 | 1.05 | 18.25/25.8 | LGJ–240×1 |
| 330 | 209.6 | 1.20 | 16.3/23.1 | LGJ–300×2<br>$D$=40 |
| 500 | 317.5 | 1.20 | 15.9/22.5 | LGJ–300×4<br>$D$=45×45 |

注　$D$ 为分裂导线子导线间距。

2. 地面及杆塔空间电场强度

（1）500kV 超高压输电线路地面空间场强。经过大量的实测分析发现，地面空间场强的大小与导线对地距离有关。距档距中心距离增加，导线对地距离也增加，场强逐渐降低。如图 2–26 所示，距离档距中心 50m 的边相导线最大场强降低 9.7%，距离档距中心 100m 的最大场强相应降低 29%，距离档距中心 150m 的最大场强相应降低 48%。

在档距中心的横截面内，以中相为轴，两侧电场对称分布。距中相 14m（线间距离 13m）附近电场强度最大。实测证明，输电线路电场强度区仅在边相附近，离档距中心±50m 的两个狭长区域内。图 2–27 给出了边相外 1m 处某点的空间场强曲线。

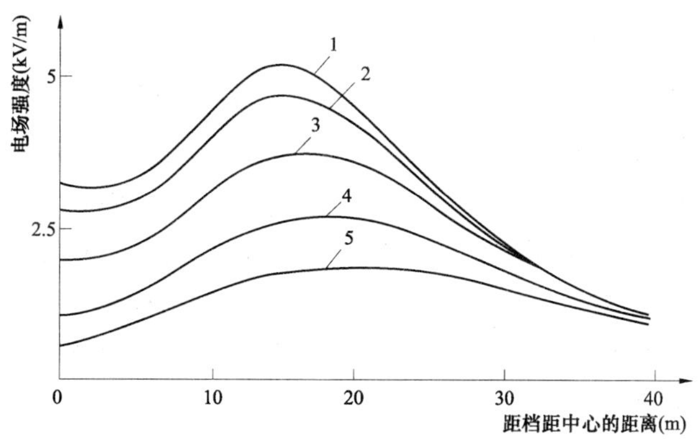


图 2–26　距档距中心不同距离截面的场强分布

1—距档距中心 0m；2—距档柜中心 50m；3—距档距中心 100m；4—距档距中心 150m；5—距档距中心 180m

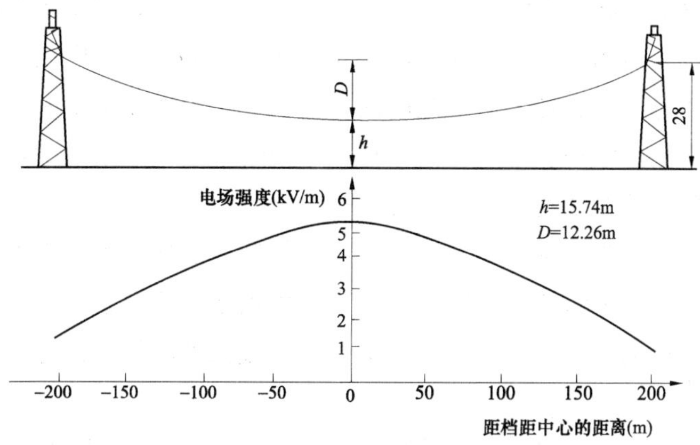


图 2–27　边相外 1m 处空间电场强度的变化曲线

此外，在实测统计中还发现，人体感应电流的大小与空间电场强度成正比，输电线路下方空间人体感应电流与场强的关系是 13μA/（kV/m）。如图 2–28 所示，为档距中心横截面内人体感应电流和电场强度的分布。

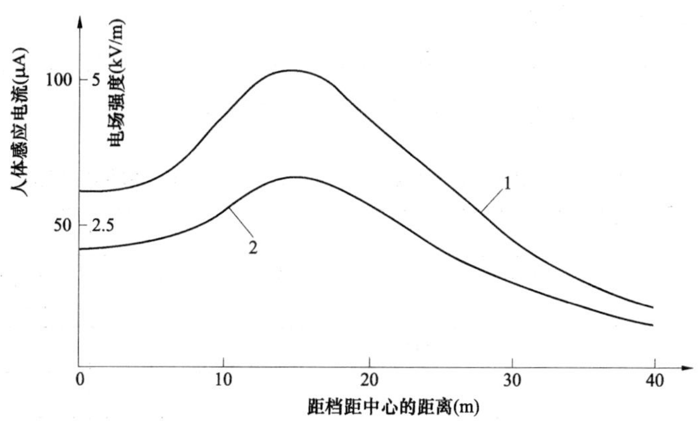


图 2–28　距档距中心横截面内人体感应电流和电场强度分布

1—距地面 1.5m 的空间电场强度；2—人体感应电流

（2）500kV 超高压输电线路塔上空间电场强度。

带电作业人员在塔上移动或作业时；离不开塔身和横担。因此，选取塔身和横担两部分进行空间电场强度分布的分析。

作业人员在攀登杆塔过程中，身体和塔身大致保持平行，所占空间一般为离塔身 0.5m 的范围。因此，取垂直于边相塔身 0.5m 处，作为空间电场强度的测量位置。对两侧电场分布很不对称的杆塔（如换位塔、转角塔），则在另一侧增补一些测点。

作业人员在横担上作业时，一般是站立或蹲的姿态，所以取横担上方 lm 处，作为空间电场强度的测量位置。

在塔身和横担上测量的电场强度均指作业人员未进入前未被人体畸变的电场强度。在测量电场强度的同时，还可测量通过人体的感应电流。

通过测量，得出 500kV 输电线路第一代和第二代铁塔沿塔身电场强度分布基本是相同的。即从地面到与边相导线等高的一段塔身，随着距地距离的增加，其电场强度逐渐增大，到达与边相导线等高处的电场强度最大。但随着距地面距离的继续增加，塔身电场强度开始减小。而直线猫头塔塔窗内和与中相导线等高处，以及耐张塔和换位塔与上跳线等高处的塔身电场强度还会再度增加。

横担周围空间电场强度的分布规律是：两边相导线的悬挂点上方电场强度最高，中相导线悬挂点以及中相和边相导线挂点间，由于横担本身的屏蔽作用，电场强度一般较低。耐张塔和换位塔的横担上除导线挂点电场强度较高外，如上方有跳线，在跳线的正下方电场强度也很高。

杆塔上人体感应电流与电场强度没有一个固定的关系，而且每 1kV/m 电场作用下，流过人体电流变化范围很大［3～10μA/（kV/m)］，这是由于杆塔本身结构使电场强度发生畸变的结果。对于第一代 500kV 线路塔身，人体感应电流在 6.5～11μA 之间变化，平均为 8.7μA。对于第二代 500kV 塔身在 7.0～10.85μA 间变化，平均为 8.16μA。比输电线路下方距地面 1.5m 处空间电场下的人体感应电流要小。因此，登塔检修人员的单位感应电流取 8.5μA/（kV/m）是合适的。

表 2–11 和表 2–12 分别列出了 500kV 输电线路第一代和第二代塔身及横担上最大电场强度和人体感应电流的测量数据，供带电作业人员参考。

**表 2–11　　第一代 500kV 线路塔身和横担上最大电场强度和人体感应电流**

| 塔型 | | 和边导线等高的塔身处 | | 边导线悬挂点横担上方 | | 其他位置 | |
|---|---|---|---|---|---|---|---|
| | | 电场强度（kV/m） | 感应电流（μA） | 电场强度（kV/m） | 感应电流（μA） | 电场强度（kV/m） | 地点 |
| 直线塔 | ZB3 酒杯塔 | 31 | 220 | 6 | | | |
| | ZJ10° 酒杯转角塔 | 35 | 378 | 20 | 171 | | |
| | ZNT 门型塔 | 40 | 284 | 35 | | | |
| | DFZJ10° 猫头塔 | 30 | 240 | 8 | | 20 | 塔宽内中相下 |

续表

| 塔　　型 | 和边导线等高的塔身处 | | 边导线悬挂点横担上方 | | 其他位置 | |
|---|---|---|---|---|---|---|
| | 电场强度（kV/m） | 感应电流（μA） | 电场强度（kV/m） | 感应电流（μA） | 电场强度（kV/m） | 地点 |
| 耐张塔（JG2 型） | 20～30 | 270 | 30 | | | |
| 换位塔（DFH 型） | 23 | 229 | 22.5～35 | | | |

**表 2–12　　第二代 500kV 线路塔身和横担上最大电场强度和人体感应电流**

| 塔　　型 | | 和边导线等高的塔身处 | | 边导线悬挂点横担上方 | |
|---|---|---|---|---|---|
| | | 电场强度（kV/m） | 感应电流（μA） | 电场强度（kV/m） | 感应电流（μA） |
| 直线塔 | ZB84 酒杯塔 | 34 | 275 | 40 | 302 |
| | ZJ21 酒杯转角塔 | 24 | 225 | 30 | 210 |
| | ZV21 拉 V 塔Π | 35 | 265 | 27 | 240 |
| | ZHX85Π型水泥杆 | 42 | 329 | 27 | — |
| 耐张塔（JGK22） | | 24～41 | 210～270 | 54 | 284 |
| 换位塔 HJ21 | | 35～50 | — | 35 | — |

## 二、作业人员在电场中体表电场强度分布

带电作业人员从地面至导线上进行检修，大致处于三种不同的电场中：① 在导线下方地面上的电场中；② 离开地面后至等电位前的电场中；③ 与导线等电位后的电场中。现就三种不同情况分述作业人员在电场中体表电场强度的分布情况。

1. 人体在导线下方地面上站立时的体表场强

可利用静电场中经常使用的作图法形象地说明问题，如图 2–29 所示。作业人员进入电场后（即导线下方地面），自上而下的电力线就近落到人体上，使竖直的电力线发生弯曲；同时，原来完全平行的等电位线也发生剧烈形变，即引起电场畸变，从而使人体头顶上的等电位线密度增加许多倍。测量证明，人体头顶的空间电场强度比原来高出 18～22 倍，达到 63.8～77kV/m（原距地面 1.8m 处空间电场强度为 3.45kV/m）。

实测表明，人在地面电场强度（距地面高 1.5m 处空间）5kV/m 的电场中站立，头顶皮肤的局部场强增至 90kV/m。

2. 人体离开地面时的体表电场强度

包括两种情况，即：

（1）沿塔身攀登至横担上。此种情况与图 2–29 相似，但随着登塔与导线距离的接近，头顶电场强度逐渐升高，身部电场强度略低于头顶电场强度。

（2）人站在绝缘梯上。人体离开地面后，身体上部接受来自带电体的电力线，脚跟部分同时向地面发出电力线，此时等电位线发生了两种弯曲（见图 2–30）。一种向上凸起，

另一种向下凸起。从电力线的密度来看，畸变程度比人体在地面上要略小一些。这时人体具有一定电位，人体头和脚部的体表电场强度仍然比较高。

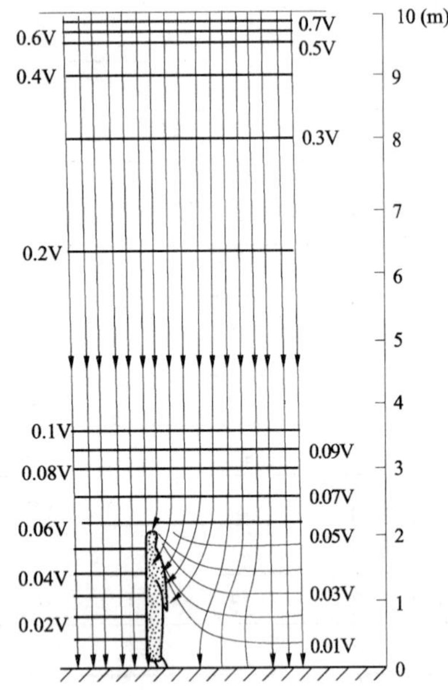


图 2–29　人站在导线下方地面上的电场强度分布

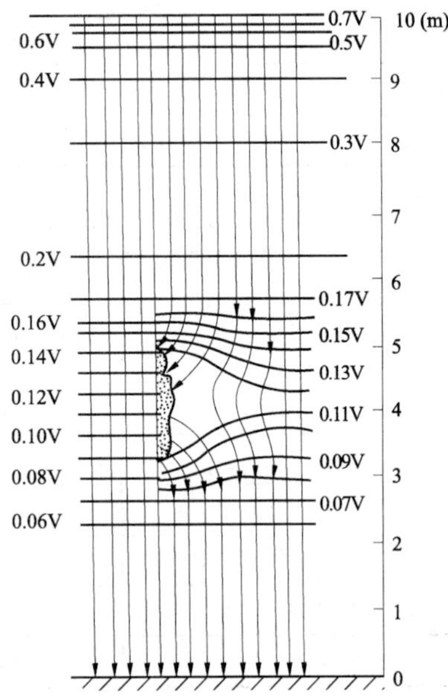


图 2–30　人站在绝缘体上的电场强度分布

3. 人体处于等电位时的体表电场强度

包括两种情况，即人等电位前的瞬间的体表电场强度和等电位后的体表电场强度。

当人体从地面沿绝缘梯逐步升高至图 2–31（a）所示的位置时，由于导线附近的电场强度本来较高，人体使电场强度发生畸变之后，促使电场强度进一步增强。当人体头部与导线间的距离小到某值 $S$ 时，使导线与人体间空气间隙的平均电场强度，达到空气临

界击穿电场强度，从而导致该间隙发生放电。此时，人体表电场强度达到最高值。如此时伸手超过头顶，放电就发生在导线与手之间，直到手握住导线为止。人体与导线等电位后，人身附近的电力线如图 2–31（b）所示情形。这时，人体头顶的电场强度将减弱，而脚部增强。如果头部超过导线，头顶电场强度又将增加。

从表 2–13 的实测数据可见，作业人员等电位过程中，由于头部和脚部凸出，使电场畸变后高达 400kV/m、480kV/m 和 700kV/m。再次证明必须做到"带电作业工具应尽可能避免尖角"。

**表 2–13　　　　500kV 等电位人体表电场强度**

| 等电位人体所处位置 | 体表电场强度（kV/m） | | | | | | |
|---|---|---|---|---|---|---|---|
| | 头顶 | 右肩头 | 左肩头 | 前胸 | 后背 | 面部 | 脚尖 |
| 距四分裂导线 lm（未等电位） | 400 | 130 | 80 | 40 | 12 | 125 | 92 |
| 等电位，但头部不超过导线 | 220 | 200 | 200 | 22 | 200 | 20 | 700 |
| 等电位，但头部高出导线 0.5m | 480 | 300 | 350 | 60 | 190 | — | — |

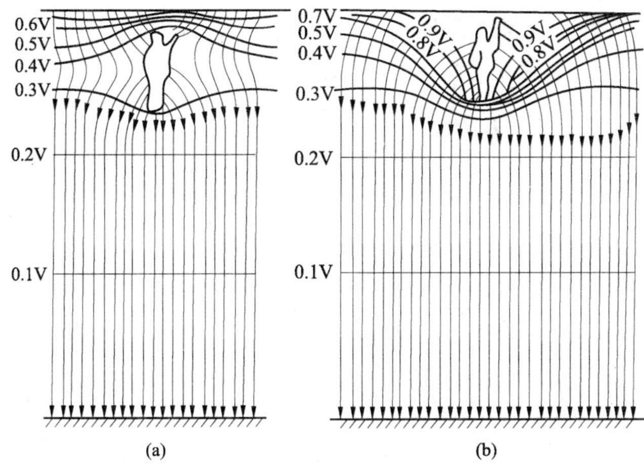


图 2-31　电位转移前后电场的变化

（a）等电位前；（b）等电位后

## 三、强电场的防护措施

1. 强电场的危害

电场的危害主要表现为：

（1）导线及金具出现电晕，造成功率损耗，并对无线电产生干扰。

（2）带电作业人员在强电场中有不舒适的感觉，如“电风”“麻电”等现象。

（3）长期从事带电作业的人员会有生理上的反应。

上述三项中，第一项确切存在，因此，线路设计须尽量避免或减少这种损失。第三项是国际上多年来争论的问题，自 1972 年苏联在国际大电网会议上提出后，不少国家集中人力和物力对该项问题进行了广泛的研究。从微生物的研究到动物实验，从现场跟踪到人体在试验室的试验等，各国说法不一。1982 年世界健康组织发表了关于输电系统产生的电磁场对人体健康的影响的声明：

（1）试验研究表明，电场强度在 20kV/m 以下不会有害于健康。

（2）对超高压变电站及高压输电线路工作人员的长期观察未发现对健康的不利影响。

（3）400kV 交流输电系统产生的电场强度不会对人身造成危害，而且这一结论可以推广至 800kV 电压等级。

从我国有关部门的研究结果来看：

（1）在电场强度为 40kV/m 时（相当于目前我国输变电设备下工作人员所承受的电场强度值），未发现对动物有生理方面的影响。

（2）当电场强度提高到 100kV/m 时，发现对动物有生理方面的影响。

（3）从超高压电场作业人员健康状况的动态观察和 500kV 输电线路走廊内生理学调查结果来看，均未发现现有条件下的不利影响。

因此，在三方面电场危害中，针对带电作业来说，重点关心的应是第二项，即作业人员体表在电场中出现的不适感觉，甚至是麻电。因为它是与作业安全直接相关的，而解决这一问题的有效途径就是屏蔽。

2. 强电场防护

（1）有关工频电场安全技术标准的规定。对于不直接接触带电体人员，原电力工业部提出了标准草案：

1）工频电场允许电场强度上限值为20kV/m。如需进入20kV/m以上的电场强度区域，应采取有效防护措施。

2）每个工作日内，停留在12～20kV/m的电场强度区域内不得超过0.5h。

3）每个工作日内，停留在8～12kV/m的电场强度区域内不得超过2h。

4）每个工作日内，停留在5～8kV/m的电场强度区域内不得超过4h。

5）每个工作日内，停留在5kV/m以下的电场强度区域内不受时间限制。

对于等电位人员，人体在良好的绝缘装置上的测试证明，裸露皮肤上开始感觉到有微风吹动时的电场强度大约为240kV/m。因此，GB/T 6568—2008《带电作业用屏蔽服装》规定：作业人员穿上屏蔽服后的裸露面部电场强度不得大于240kV/m。

（2）屏蔽措施。如前所述，作业人员在电场中的主要防护措施就是对电场进行屏蔽，所谓屏蔽就是隔离电场对仪器、人体的影响。如比较精密的电子仪器或设备要放在金属壳内；在作带电作业工具的高压试验时，为了测量其泄漏电流，在测量线的外层，也要加一层金属线，如此等。均说明采取这些措施是为了隔离外部电场对其影响。这种隔离作用就叫作屏蔽。

事实上，我国开展带电作业以来，一直就是采用屏蔽服来进行电场屏蔽的。理论和实践证明，只要屏蔽服的技术指标符合GB/T 6568—2008的要求（见表2–14），就能较好地屏蔽电场。

**表2–14　屏蔽服的技术指标**

| 顺序 | 项　别 | 单　位 | 指　标 |
|---|---|---|---|
| 1 | 屏蔽效率 | dB | 40 |
| 2 | 电阻 | mΩ | 800 |
| 3 | 熔断电流 | A | 5 |
| 4 | 耐电火花（炭化面积） | $mm^2$ | 300 |
| 5 | 耐燃<br>（1）炭长<br>（2）烧坏面积<br>（3）烧坏面积扩散程度 | mm<br>$mm^2$<br>— | 300<br>10 000<br>不扩散到试样边缘 |
| 6 | 耐洗涤后<br>（1）电阻<br>（2）熔断电流<br>（3）屏蔽效率<br>（4）耐燃 | mΩ<br>A<br>dB<br>$mm^2$ | 1000<br>5<br>30<br>10 000 |

续表

| 顺序 | 项　别 | 单　位 | 指　标 |
|---|---|---|---|
| 7 | 耐汗蚀后电阻<br>（1）碱性<br>（2）酸性 | <br>mΩ<br>mΩ | <br>1000<br>1000 |
| 8 | 耐磨<br>（1）电阻<br>（2）屏蔽效率 | <br>mΩ<br>dB | <br>1000<br>30 |
| 9 | 断裂强度<br>（1）径向（9.8N）<br>（2）纬向 | <br>—<br>— | <br>35<br>30 |
| 10 | 断裂伸长率<br>（1）径向<br>（2）纬向 | <br>%<br>% | <br>10<br>10 |
| 11 | 透气量 | l/m・s | 35 |

此外，尚须注意，屏蔽服的穿着要规范。不得随意穿着，否则将减小其屏蔽效果。表 2–15 给出了屏蔽服不同穿着情况下，经裸露部分流入人体的电流数值。

由表 2–15 可见，在外加电场 220kV/m 作用下，按规定穿戴好全套屏蔽服，由裸露面部流入人体的电流仅为 2.8μA，为不穿着屏蔽服、不戴屏蔽帽通过人体电流的 10%。如果屏蔽帽戴得不正确，通过人体的电流将增加 3～4 倍。

**表 2–15　　经裸露部分流入人体电流**

| 试验条件 | | 进入人体电流（μA） | | | | | |
|---|---|---|---|---|---|---|---|
| 导线电压（kV） | 平均电场强度（kV/m） | 穿屏蔽服、戴屏蔽帽 | 穿屏蔽服、戴屏蔽帽、但无帽檐 | 穿屏蔽服、戴屏蔽帽但帽檐上翘 | 穿屏蔽服、不戴屏蔽帽 | 穿屏蔽裤、不穿屏蔽衣、不戴屏蔽帽 | 不穿屏蔽服，不戴屏蔽帽 |
| 100 | 7.30 | 0.8 | 2.5 | 3.5 | 22.5 | 60.7 | — |
| 200 | 14.60 | 1.8 | 5.1 | 7.2 | 45.2 | 122 | 190 |
| 300 | 22.00 | 2.8 | 7.9 | 10.2 | 64.4 | 178.8 | 281 |

表 2–15 还表明，22.9%的电流通过头部流入人体，64%的电流通过头部和上身流入人体。这充分说明使用屏蔽服时，必须按规定穿戴，以充分发挥其屏蔽电场的作用。

至于 500kV 超高压输电线路的登塔人员，也应穿屏蔽效率较低的静电防护服，且衣、裤、帽和导电鞋必须连成整体，以防工频电场对人体产生有害的生态影响。

3. 带电作业用屏蔽服的选用原则及试验方法

至于高压电场带电作业时穿着屏蔽服在于使处在强电场中的人体外表各部位形成等电位屏蔽面，防护人体免受高压电场及电磁波的影响，同时也对处于高压电场中通过人体的电容电流起分流作用，使之限制在允许的范围内，限制通过人体的电流（IEC 规定不得超过 50μA）大小，是保证作业人员人身安全的主要因素。

（1）等电位作业时高压电场强度影响通过人体的电流。有关部门就我国目前运行的最高电压等级（1000kV）下的输电线路，对作业人员穿屏蔽服后处于高压电场强度中的不同位置时（人穿屏蔽服后站在铁塔构件上处于地电位作业；与导线等电位作业；处于带电体与地之间位置作业）通过人体的电流进行了大量的研究论证，认为等电位作业时高压场强影响通过人体的电流最大，且由以下三部分组成：

1）人体裸露部分直接接受高压电场影响，是影响流经人体电流的主要成分。因此，对 500kV 超高压输电线路的带电作业应尽量降低人体面部电场强度（如加大帽檐直径等）。

2）屏蔽服电阻对人的分流作用（限制通过人体的电容电流）。

3）电磁波对屏蔽服的穿透作用而感知的电流。

（2）屏蔽服的选用。为了有效控制通过人体电流的大小，就需要选用合格的屏蔽服，根据控制人体内部电场强度不超过 30kV/m 的原则，在 500kV 输电线路带电作业时（交流），实测屏蔽服上的最大电场强度为 650kV/m，当屏蔽效率为 30dB 时，衰减 31.6 倍，此时人体表面局部电场强度为 21kV/m，小于规定的 30kV/m，因而选用屏蔽效率为 40dB 以下的屏蔽服时，足以保护人体内电场强度不超过危害标准。

此外，选用屏蔽服的另一个重要指标是全套屏蔽服的整体电阻应控制在 10Ω 以内。主要是考虑电场对人体的电容电流和 35kV 及以下中性点不接地系统带电作业过程中偶然发生单相接地故障时的电容电流。

（3）带电作业对屏蔽服的要求。

1）屏蔽服导电材料应由抗锈蚀、耐磨损、电阻率低的金属材料组成。

2）布样编织方式应有利于经纬间纱线金属的接触，以降低接触电阻，提高屏蔽效率。

3）分流线对降低屏蔽服电阻及增大通流容量起重要作用，建议衣服所有各部件（帽、袜、手套等）连接点均要用两个连接头。

4）纤维材料有足够的防火性能。

5）尽量降低人体裸露部分表面电场，缩小裸露面积。

（4）屏蔽服的试验方法。

根据 GB/T 6568—2008 要求，试验包括衣料试验和成品试验两大部分。对屏蔽服衣料，需同时进行电气性能和服用性能方面的各项试验，共有 10 项。对屏蔽服成品，则只进行电气性能方面的测试，试验项目有 7 项，具体试验方法按 GB/T 6568—2008 标准执行。

成品的各试验项目的环境条件为标准大气条件下：温度为 23℃±2℃，相对湿度 45%～55%。

1）上衣、裤子电阻试验。各处实测值均不得大于标准规定值。

2）手套、短袜电阻试验。测试内容及方法与上衣、裤子相同，但手套测试部位除中指指尖外，对其他各指尖也应做相应的检查，特别是对针织型手套更应如此。对于屏蔽布缝制的短袜，若袜底和袜面由 2 块以上的裁片组成，则应分别测量各块裁片的袜尖处部分与袜口处分流连接线间的电阻。

3）导电鞋电阻试验。其目的在于测量导电鞋所用导电胶底的体积电阻。

4）整套衣服电阻试验。检查整套衣服的任何部位电阻值均应满足 GB/T 6568—2008 标准的规定。

5）整套衣服内部电场强度试验。此项试验的目的是检验作业人员穿着屏蔽服后，人体表面电场强度的强弱，进而达到鉴定屏蔽服屏蔽高压场强作用的好坏。

6）整套衣服内流经人体电流试验。此项检测的目的在于检查屏蔽服的屏蔽效率。

7）整套衣服通流容量试验、其试验结果可以作为屏蔽服分类的依据，同时可检验屏蔽服各加筋线及分流连接线的加工质量和缝制质量。

# 第三章

# 带电作业常用材料、工具及其试验

## 模块1 带电作业常用材料

带电作业常用材料分金属材料和绝缘材料两类。金属材料是用来制作带电作业用紧线丝杠、卡具、绝缘工具接头等专用工具的，其主要材质有普通碳素钢、普通含锰钢、优质碳素钢、合金钢及高强度铝合金等。绝缘材料是用来制作各类软、硬质绝缘工具的，其主要材质为3240环氧酚醛玻璃纤维、聚氯乙烯、聚乙烯、聚丙烯、锦仑、蚕丝、绝缘漆和绝缘黏合剂等。

### 一、绝缘材料

我们知道绝缘材料在带电作业中是用来制作各类绝缘工具的。其主要作用可概括为：第一，使带电体与接地体相互绝缘；第二，用来支持作业过程中的带电体，并使其与接地体隔离；第三，起到绝缘机械手的作用；第四，用来改善高压电场中的电位梯度；第五，传递材料及工器具，并使其与带电体绝缘。针对某一具体工器具来说，可能起到以上某一种作用，也可能同时兼顾几种作用。

根据绝缘工器具的不同功能，制作各类工器具所用的材料分为绝缘板材，绝缘管材、绝缘棒材、绝缘绳索及塑料等。

#### （一）绝缘板材

绝缘板材主要为绝缘层压制品，是现代电工材料不可或缺的产品。特别是3240型环氧酚醛玻璃布板，广泛应用于发电厂、变电站及输变电带电作业中。

层压制品是由浸渍过各种树脂的片状填料经过热压黏合和固化而成的。常用的有纸板、棉板、玻璃丝布板、棚木板、石棉纤维板及合成纤维布板等。而我国带电作业常用的层压板有3240、3025、3027、3230、3250号等环氧酚醛及酚醛制品，其各种性能指标见表3–1。

除了以上几种常见绝缘板材外，还有一种复合型层压——环氧蜂窝板。它由两层环氧玻璃布层压板中间夹一层六角形蜂窝式玻璃布板，三者用环氧树脂粘接而成，属于一种轻型材料，在比重和抗弯等物理性能方面有独特之处，适合于制作带电作业云梯、扒杆、手梯及人字梯等工器具，其具体性能见表 3–2。

**表 3–1　　各种板材性能指标**

| 指标名称 | 单位 | 各种板材指标（号） | | | | | | | | |
|---|---|---|---|---|---|---|---|---|---|---|
| | | 3240 | 3025 | 3027 | 3230 | 3231 | 3250 | 3251 | 3010 | 3011 |
| 密度 | g/cm³ | 1.7～1.9 | 1.3～1.42 | | | | | | | |
| 马丁氏耐热性（纵向）（不低于） | ℃ | 200 | 125 | 135 | | 150 | 250 | 225 | 120 | 120 |
| 抗弯强度（不低于）<br>纵向<br>横向 | N/cm² | 35 000<br>29 000 | 10 500 | 9000 | 11 000 | 25 000 | 20 000 | 11 000 | 25 000 | 13 000 |
| 抗张强度（不低于）<br>纵向<br>横向 | N/cm² | 30 000<br>22 000 | 6500 | 6000 | 10 000 | 20 000 | 17 000 | 10 000 | | |
| 黏合强度（不低于） | N | 5800 | 5500 | 5500 | | | | | | |
| 抗冲击强度（不低于）<br>纵向<br>横向 | J/cm² | 14.7<br>9.8 | 2.45 | 1.96 | 4.9 | 9.8 | 7.84 | 4.9 | 6.37 | 2.45 |
| 表面电阻系数（不低于）<br>常态时<br>浸水时 | Ω | $1.0\times10^{13}$<br>$1.0\times10^{11}$ | | | $10^{11}$<br>$10^{10}$ | $10^{12}$<br>$10^{10}$ | $10^{13}$<br>$10^{11}$ | $10^{12}$<br>$10^{10}$ | $2\times10^{12}$<br>$2\times10^{9}$ | $2\times10^{11}$<br>$2\times10^{7}$ |
| 体积电阻系数（不低于）<br>常态时<br>浸水时 | Ω·m | $1.0\times10^{11}$<br>$1.0\times10^{9}$ | | | $10^{8}$<br>$10^{6}$ | $10^{10}$<br>$10^{8}$ | $10^{11}$<br>$10^{9}$ | $10^{10}$<br>$10^{8}$ | $1.5\times10^{9}$<br>$1\times10^{7}$ | $10^{9}$<br>$3.5\times10^{5}$ |
| 平行层向绝缘电阻<br>常态时<br>浸水时 | Ω | $1.0\times10^{10}$<br>$1.0\times10^{8}$ | | $1.0\times10^{10}$<br>$1.0\times10^{7}$ | | | | | | |
| 频率 50Hz 时介质损耗角正切（不高于） | | 0.05 | | | | | 0.04 | | 0.1 | 0.1 |
| 垂直层向击穿强度，于温度 90±2℃的变压器油中（不低于）<br>板厚 0.5～1mm<br>板厚 1.1～2mm<br>板厚 2.1～3mm<br>板厚 3mm 以上加工一面者 | kV/m | 22 000<br>20 000<br>18 000<br>18 000 | 4000<br>3000<br>2000<br>2000 | 8000<br>6000<br>5000<br>5000 | 14 000<br>12 000<br>10 000<br>10 000 | 22 000<br>20 000<br>18 000<br>18 000 | | | 垂直于板层的电气强度，在 50Hz 下，置于 90±2℃变压器油中试验不低于 25 000kV/mm | |
| 平行层向击穿电压，于温度 90±2℃的变压器油中（不低于） | kV | 30 | | 6.0 | 10 | 10 | 30 | 10 | | |

注　3240 号为环氧酚难层压玻璃在板；3025、3027 号为酚醛层压布板；3230 号为醋酸层压玻璃布板；3231 为本胺酚醛层压玻璃布板；3250 号为有机硅环氧层压玻璃布板；3251 号为有机硅层压玻璃布板；3010、3011 号为酚醛桦木板。

表 3–2　　蜂窝板性能

| 指标名称 | 单位 | 实测结果 |
|---|---|---|
| 密度 | g/cm$^3$ | 0.4～0.6 |
| 树脂含量<br>芯子<br>面极 | % | 57.8<br>65.8 |
| 平压强度<br>平压弹性模量 | N/mm$^2$ | 1.48<br>98 |
| 侧压强度<br>侧压弹性模量 | N/mm$^2$ | 146.61<br>1822.8 |
| 剥离强区<br>剥离弹性模最 | N/mm$^2$ | 0.29<br>137.2 |
| 表面电阻系数 | Ω | $4.2\times10^{13}$ |
| 体积电阻系数 | Ω·m | $1.12\times10^{11}$ |
| 频率为 50Hz 时介质损耗角正切 | | 0.0168 |
| 工频表面耐压 | kV | 长 300mm，试加电压 100kV，5min 通过 |

（二）绝缘管材、棒材

同绝缘板材一样，绝缘管材及棒材在我国带电作业中的地位也是很重要的，其主要材质多为环氧酚醛、有机硅、酚醛制品和黄岩系列管材、棒材等。此外，电力部武高所、东北网局、华中网局等各大、中科研单位也相继研制出了防雨绝缘管材和棒材，目前正在推广之中。

利用绝缘管材抗弯性能好，且质量轻的特点，在带电作业中主要用来制作操作杆、手梯、绝缘扒梯、竖梯、人字梯等。绝缘棒材的抗拉性能优于绝缘管材，因此多用于制作绝缘张力工具。

（三）塑料

塑料的品种很多，带电作业中常用的塑料有聚氯乙烯、聚乙烯、聚丙烯、聚碳酸酯，有机玻璃和尼龙 1010 等，现分述如下。

1. 聚氯乙烯

聚氯乙烯是由单体聚乙烯聚合而成。硬质聚氯乙烯的密度为 1.38～1.43g/cm$^3$，其机械强度较高，电气性能优良，缺点是软化点低，使用范围在–15～+55℃之间，软质聚氯乙烯的机械性能均低于硬质聚氯乙烯，且拉断时的伸长率较大。

由于聚氯乙烯在使用温度方面及机械性能方面的局限性太高，因此在带电作业中的应用不是特别广泛。

2. 聚乙烯

聚乙烯有良好的化学性能、机械强度，耐低温且电气绝缘性能和辐射性能稳定，并且有很低的透气性和吸水性，密度小，无毒副作用，易于加工。聚乙烯按其生产方法可分高压聚乙烯、中压聚乙烯和低压聚乙烯。其具体性能见表3–3。

**表3–3** **高、中、低压聚乙烯性能比较表**

| 指标名称 | 单位 | 各种聚乙烯指标 | | |
|---|---|---|---|---|
| | | 高压聚乙烯 | 中压聚乙烯 | 低压聚乙烯 |
| 密度 | $g/cm^3$ | 0.91～0.93 | 0.95～0.98 | 0.94～0.96 |
| 软化点 | ℃ | 105～120 | 130 | 120～130 |
| 抗张强度 | $N/mm^2$ | 13.7～17.64 | 24.5～39.2 | 20.58～24.5 |
| 伸长率 | % | 500～300 | 100～200 | 300～100 |
| 体积电阻系数 | Ω·m | $6\times10^{12}$ | $>10^{13}$ | $6\times10^{13}$ |
| 击穿电压：<br>干态<br>浸水7天 | kV/m | | | 2610～28 400<br>2610～27 200 |

3. 聚丙烯

聚丙烯的主要合成原料是丙烯，丙烯的密度在0.9g/cm$^3$左右；其机械性能优于低压聚乙烯，它的熔点为160～170℃，在没有外力的作用下，即使温度达到159℃也不会变形。聚丙烯几乎不吸收水分，在水中24h的吸水率小于0.01%，聚丙烯用途较为广泛，主要用于制造薄膜、纤维、电缆、导线外皮和机械零件等。带电作业中多用作制造10kV配电装置对地或相间绝缘隔离装置。

4. 聚碳酸酯

聚碳酸酯是透明、呈轻微淡黄色的塑料，可制成接近无色、透明的制品，也可染制成各种颜色；密度为1.2g/cm$^3$，吸水性差，不易变形；耐热性能突出，在130～140℃才能变形；其熔点为220～230℃；耐寒性能也非常高，脆化温度为–230℃。此外，聚碳酸酯在较宽的温度范围内还具有良好的电气性能，且在耐磨、耐老化等方面也比较好。

带电作业中，聚碳酸酯多用来制作水冲洗操作杆，有的单位也使用聚碳酸酯来制作配电线路带电作业隔离装置。

5. 聚甲基丙烯酸甲酯（有机玻璃）

有机玻璃具有很好的透明性，其质量轻、不易破碎、耐老化、易加工成型，主要产品有有机玻璃板、棒、管和模制品，广泛应用于工农业生产的各个领域。

由于有机玻璃具有高度的透明性，质量轻，且机械强度较高（抗拉强度为60～70N/mm$^2$，抗压强度为12～160N/mm$^2$，抗弯强度为80～140N/mm$^2$，冲击强度为1.2～1.3N/mm$^2$）。在电弧作用下会分解大量气体（一氧化碳、二氧化碳、氨气等），因此，在带电作业中可用有机玻璃制作带电断、接引线用的消弧器，或配电带电作业用的隔离设备。

6. 聚酰胺（尼龙）

聚酰胺也是目前较为广泛使用的工程材料，俗称尼龙、其品种很多，主要有尼龙6、尼龙 9、尼龙 66、尼龙 610、尼龙 1010 等。尼龙材料吸水性较低、比重小、机械强度较好、电气性能较优良。

带电作业中，利用尼龙 1010 比重小，电气性能较好的特点，多用来制作带电水冲洗工具的防水罩，而利用尼龙 6、尼龙 66 密度小，机械强度优良，电气性能较好的特点，则广泛用来制作绝缘滑车。

（四）绝缘绳索

绝缘绳索是带电作业中不可或缺的软质工具。我国带电作业向绳索化方向发展，是适应我国国情的一大特色。在带电作业中，绝缘绳索广泛应用于承担机械荷重（如滑车组）、运载物件（如循环传递绳）、攀登工具（如软梯）、灵活多变的吊拉线（手梯、立梯的锚绳）、连接套子，以及保护绳、消弧绳等。下面我们就绝缘绳索的种类结构及机电性能做一些介绍。

1. 绝缘绳索的种类

目前带电作业中常用的绝缘绳索主要有两类：一是蚕丝绳（分生蚕丝绳和熟蚕丝绳），另一类是锦纶绳和聚氯乙烯绳。

从材质上来看，蚕丝绳是采用脱脂不少于 25%的桑蚕长纤维制作；锦纶棕丝绳是采用白色己内酰胺（锦纶 6）单体聚合后拉制的棕丝（钓鱼弦）绞制而成；锦纶长丝绳是用白色己内酰酸胺（锦纶 6）拉丝后的长纤维按 3×3 股线的要求，合股绞制而成。从结构上来看，绝缘绳索分绞制圆绳、编织圆绳、编织扁带、环形绳和搭扣带等。绝缘绳索一般多由多股单纱捻制而成。

（1）捻制方向。按捻制方向分为顺捻和反捻两种，所谓顺捻是指单纱中的纤维或股线中的单纱在绞制过程中，由下向上看是自右向左捻动的，一般用字母 S 来表示顺捻，也称 S 捻，如图 3–1（a）所示。而反捻则是指绞制中由下向上看是自左向右捻动的，常用字母 Z 表示，也称 Z 捻，见图 3–1（b）所示。

为了防止绳索松股，一般绳索的捻制层次按 ZSZ 方式进行，即纤维捻成单纱时按 Z 向捻制，纱线捻成股线时则按 S 向捻制，最后股线合成绳索时按 Z 向捻制。

（2）捻距。同一股线中，一个整捻或两个连续辫结之间的长度称为捻距，如图 3–2 所示，捻距长短用来表示绳索拧劲的松紧，带电作业中使用的绝缘绳索拧劲不宜过紧也不宜过松，过紧易使绳索打扭，过松则易使绳索松股。

（3）绝缘绳索的型号。目前绝缘绳索较为常用的型号为。桑（s）蚕（c）绞（j）制绳（s）用 scjs 表示，并在“—”后标注其外径尺寸，如 scjs—14 表示直径为 14mm 的桑蚕绞制绳。锦（j）纶棕（z）丝绞（j）制绳（s）的型号为 jzjs，而将锦纶（j）长（c）丝绞（j）制绳（s）的型号表示为 jcjs。

（4）编织型绳索。编织型绳索是克服绞制绳索在使用中容易相互拧在一起的缺点而出现的一种绳索，分为机织和手工编织两种。其结构为层叠圆形绳，如图 3–3 所示，层与层叠套在一起，层数越多绳径越粗。

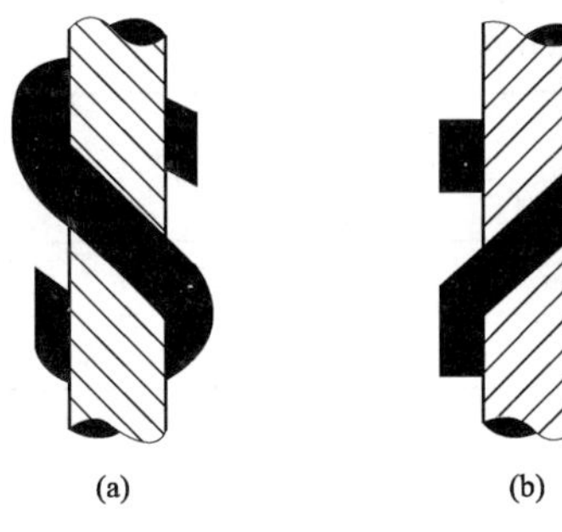


图 3–1　绳索的捻向
（a）S 捻；（b）Z 捻

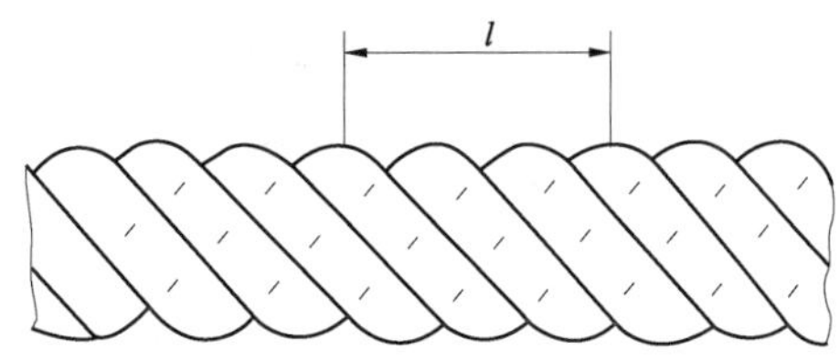


图 3–2　绳索的捻距（l—捻距）

编织型绳索还有扁带型、环型套绳，搭扣带等品种，见图 3–4 所示。扁带型绳索常用作安全带、绝缘吊线器等，环型套绳和搭扣带在带电作业中，多用来作绝缘滑车固定套子。

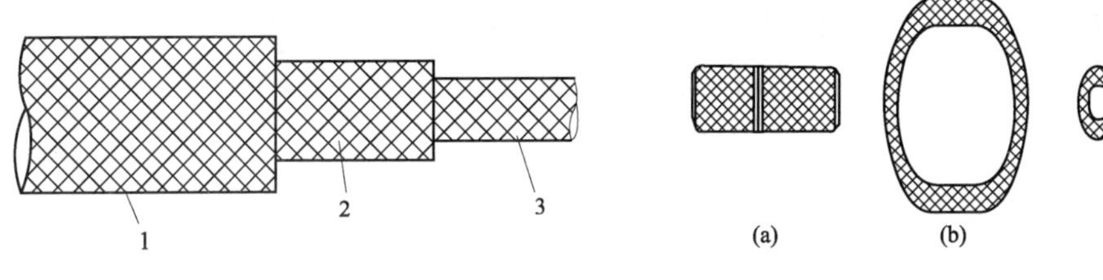


图 3–3　编织圆绳的结构图
1—外二层；2—外一层；3—芯索

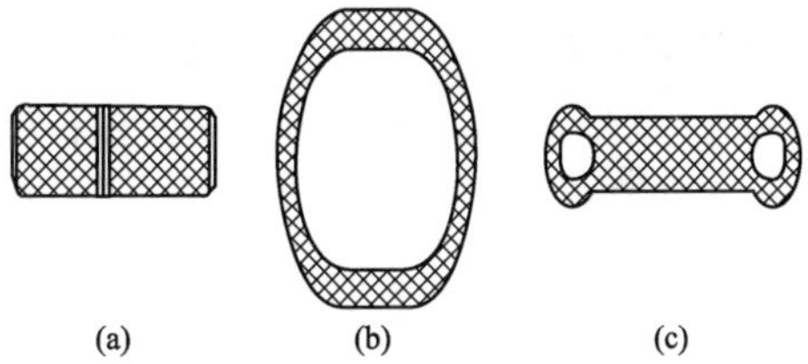

图 3–4　各种编织绳的外形
（a）扁带型；（b）环环型套绳；（c）搭扣带

2. 绝缘绳索的机电性能

试验证明 1m 长的各种绝缘绳索，不论其直径大小或新旧如何，只要清洁干燥，其干闪电压值相差无几，而且放电电压随长度大小基本上成正比递增。单位长度的干闪电压与空气的放电电压相近，达 340kV/m，如图 3–5 所示。但 1m 以上绝缘绳索的干闪电压与绳长的关系呈饱和趋势，这与长空气间隙的放电特性是一致的。绝缘绳索受潮以后，其闪络电压将会显著降低，而且泄漏电流也显著增加，导致绝缘绳索发热、击穿，锦纶绳索甚至会被烧断，表 3–4 即为绝缘绳索受潮后湿闪电压的试验情况。

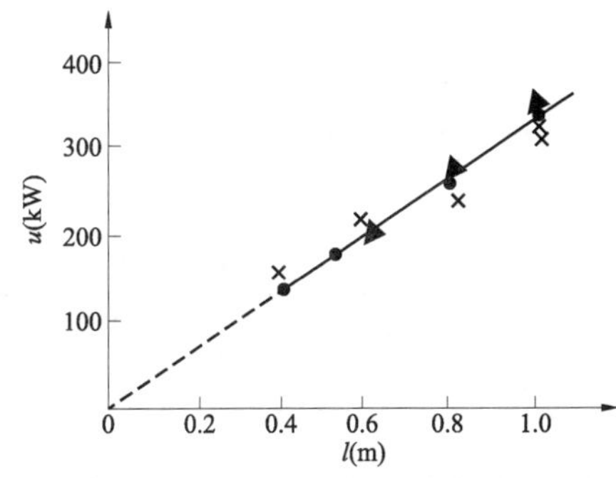


图 3–5　1m 及以下绝缘绳的工频干闪电压
u—工频放电电压；l—长度；▲—蚕丝绳；●—尼龙绳；×—聚乙烯绳

表 3–4　　绝缘绳索受潮后湿闪电压试验结果

| 编号 | 绝缘绳名称 | 试验规格（mm） | | 试 验 情 况 |
|---|---|---|---|---|
| | | 直径 | 长度 | |
| 1 | 尼龙绳（丝） | 12 | 200 | 升压至 25kV 后燃烧（有明火），升压至 25kV 熔断 |
| 2 | 尼龙绳（线） | 12 | 200 | 升压至 25kV 后燃烧（有明火），经 20s 熔断 |
| 3 | 熟蚕丝绳 | 12 | 200 | 升压至 40kV 后燃烧（有明火），经 30s 击穿；第二次升至 60kV 经 30s 击穿；第三次升至 60kV 经 30s 击穿 |
| 4 | 生蚕丝绳 | 12 | 200 | 升压至 40kV 后燃烧（有明火），经 30s 击穿；第二次升至 60kV 经 30s 击穿；第三次升至 70kV 经 30s 击穿 |
| 5 | 生蚕丝绳 | 12 | 200 | 升压至 10kV 后燃烧（有明火），经 25s 击穿；第二次升至 65kV 经 30s 击穿；第三次升至 75kV 经 25s 击穿 |

注　绝缘受潮条件为：编号 1～4 是拧开自来水龙头对准被试物两次喷湿、编号 5 是将其多股拧开浸入水中（取出时可拧出水）再进行试验。

绝缘绳索的机械强度，总的来看，锦纶绳要比蚕丝绳高一些，而蚕丝绳又比锦纶棕丝绳高一些，如图 3–6 所示。其具体机械性能见表 3–5。

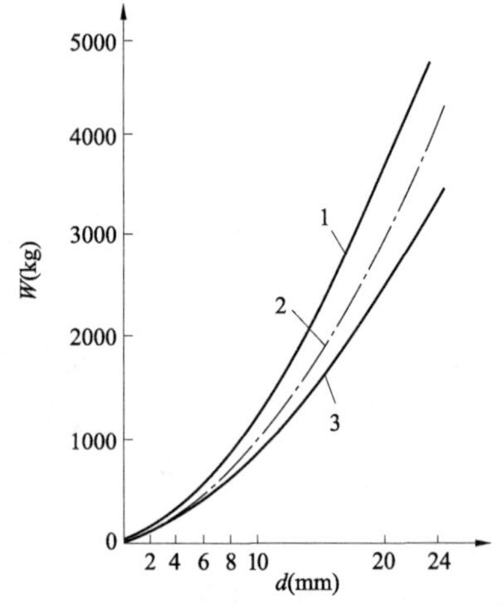


图 3–6　绝缘绳的机械特性比较

$W$—破坏负荷；$d$—直径

1—锦纶长丝；2—蚕丝；3—锦纶棕丝

表 3–5　　绝缘绳机械性能试验结果

| 绝缘绳名称 | 单位抗拉强度（N/mm²） | 单位耐磨次数（次/mm²） | 伸长率（%） |
|---|---|---|---|
| 熟蚕丝绳 | 0.87 | 8.0 | 65 |
| 生蚕丝绳 | 0.62 | 3.99 | 40～50 |
| 尼龙绳（丝） | 1.12 | 3.3 | 60～80 |
| 尼龙绳（线） | 1.12 | 1.59 | 40～60 |

注　1. 表内各栏数据为多个数平均值。

2. 尼龙（丝）绳的伸长率最大达到 133%，平均为 60%～80%。

## 二、金属材料

金属材料通常分为黑色金属和有色金属两大类，黑色金属是铁、锰、铬及它们的合金，如生铁、铁合金、钢、金属锰、金属铬等。有色金属是指除黑色金属以外的金属及其合金，如铜、铝、锌、铜合金、铝合金等。带电作业中，常用的金属材料多为碳素钢、合金钢、铝合金。它们常常用来制作绝缘部件的连接件或接头、承力部件或牵引部件（如紧丝线杠、卡具等）、导流部件（如接引线夹、分流线、消弧绳等）。因此，我们对各种金属材料的机械强度、导电性能均应有严格的要求。

（一）金属材料的机械性能

金属材料受机械力的作用表现出抵抗机械力破坏的能力，称为金属材料的机械性能。通常我们用硬度、强度、塑性、韧性和抗疲劳性等指标表示。

抗拉强度是指金属材料在拉力作用下抵抗变形和破坏的应力，用$\sigma$表示。此外，它还包括比例极限应力$\sigma_P$、屈服极限应力$\sigma_S$、伸长率$\delta$和断面收缩率$\phi$。这五种机械性能指标在机械手册中均可以查阅。

硬度是指金属材料单位体积内抵抗变形或抵抗破裂的能力，常见的硬度指标用布氏（HB）、洛氏（HR）等表示，其中布氏硬度单位是 Pa，洛氏硬度是无名数，分为 HRA、HRB、HRC 三种。冲击强度是指材料在动弯曲负荷作用下折断时，所表现出来的抵抗能力，用$\alpha$表示，单位是 Pa，通常用于表示金属材料韧性的好坏。疲劳强度则表示在对称弯曲应力作用下，经受一定应力循环数 $N$ 而仍不发生断裂时所能承受的最大应力，单位为 Pa。

（二）金属材料的性能

所谓金属材料的理化性能是指比重、熔点、热膨胀性、导电性、导热性、磁性以及耐腐蚀性等。耐磨性也是一种综合性的使用性能，现就制作带电作业工具的金属材料应考虑的理化性能指标做一简单介绍。

1. 比重

选择带电作业工具的金属材料，不但需要强度高，也要求质量轻。因为带电作业几乎全部在高空中进行，而且输电线路多在山区或田间延伸，交通条件非常不便，因此质量较轻的金属工具受到普遍的青睐。目前，在带电作业工具的质量构成中，金属工具往往占有主要成分，所以，制作金属工具的材料比重是一项重要指标，在各类材料的选用中。铝合金尤其是高强度铝合金已成为带电作业最受欢迎的金属材料。

2. 导电性

带电作业中，金属工具应有良好的导电性，这一点主要是从防止作业工具发热来考虑的，另外，有些需要导通电流的设备，如接引线尖、屏蔽服中使用的金属丝等，均要求有很高的导电性。

3. 抗腐蚀性

带电作业工具中的金属部件多为钢或铝合金材料，这些材料在空气中尤其是在电场中极易氧化腐蚀，因此必须做好防腐处理。

4. 耐磨性

带电作业工具的金属部件除了应具备良好的导电性、抗腐蚀性能外，还应具备良好的耐磨性能，因为这些部件在作业过程中需要频繁的与其他金属相互间接触，摩擦。如：绝缘操作杆的接头，丝杠等，所以，在制作这些金属部件时，应选用耐磨性能良好的金属材料，否则将会影响这些部件的互相配合。

（三）金属材料的工艺性能

由于输电线路杆塔结构的复杂多变，带电作业金属工具或部件的种类也随之很繁多，其结构也很复杂。因此在制作这些工具或部件时应考虑到金属材料的铸造、焊接、切削加工等性能。

1. 铸造性能

在带电作业工作中使用的接引线夹等工器具，通常是使用钢或铝铸造而成，因此需选用流动性较好的材质，避免出现蜂窝或砂眼，以保护线夹的质量。

2. 锻压性能

有些外形复杂的金属工具或部件（如卡具）常常需要经过锻造来加工。因此，在制作这类工器具时，应选用锻压性能好的材料来加工。

3. 焊接性能

焊接性能好坏是指材料是否易于用一般焊接方法和工艺进行焊接，例如超硬度铝合金可焊性较差，必须使用特殊的焊接技术才能可靠焊接。因此，诸如铝合金之类的金属工具在制作过程中要避免焊接。

4. 切削性能

切削性能的好坏，主要取决于材料的硬度，例如，当碳钢的硬度为HB150～250，特别是在 HB108～200 时，具有较好的切削性，而太软的金属（如电解铝及紫铜）和太硬的金属在切削加工时都很困难。因此，制作带电作业工器具时应选用切削性能较好的金属材料，比如，超硬度铝合金就具有较好的切削性能。

## 模块 2　带电作业常用工具

随着我国带电作业的不断发展，带电作业工具品种越来越多。这里我们仅选取一部分常用的带电作业工具进行结构和用途方面的介绍。

### 一、绝缘工器具

从作业工具的材质上来分，带电作业工器具可分为绝缘工器具和金属工器具两大类。其中，绝缘工器具主要由绝缘材料制成，虽然它也使用了部分金属构件，但金属构件的尺寸是受到严格限制的。绝缘工器具的作用是使带电体与地电位绝缘，并能满足所需的机械强度和安全距离，通过作业人员的使用或操作来达到某种目的。

（一）绝缘操作杆

在进行带电作业间接作业时，常常使用绝缘操作杆进行取销钉、装取卡具及绝缘子、缠绕绑线和测试等工作。绝缘操作杆依据作业电压等级的不同，其长度分固定式和可调式两种，如图 3–7 所示。固定式绝缘操作杆是依据各电压等级下绝缘有效长度来制作的，多用在 220kV 及以下电压等级的线路中。可调式绝缘操作杆多为伸缩式管型绝缘材料制作，可灵活运用于各种电压等级的输电线路中，无论固定式还是可调式绝缘操作杆，其结构是在绝缘操作杆端头装配各种金属工具来完成各种功能。表 3–6 列出了各电压等级下绝缘操作杆的绝缘部分长度。

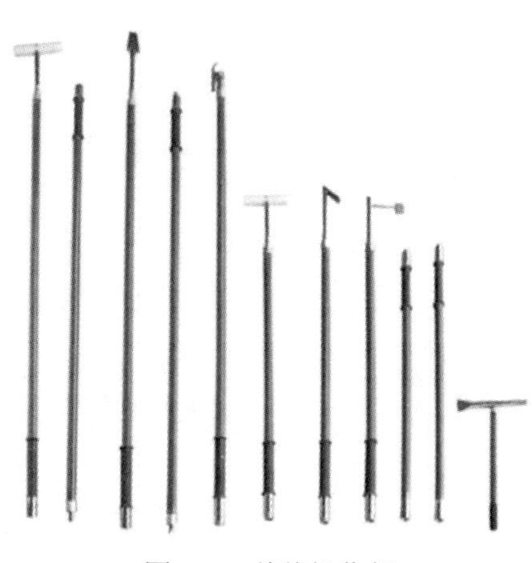

图 3–7　绝缘操作杆

表 3–6　各电压等级下绝缘操作杆的绝缘部分长度

| 电压等级（kV） | 110 | 220 | 330 | 500 | 750 | 1000 | ±400 | ±500 | ±660 | ±800 |
|---|---|---|---|---|---|---|---|---|---|---|
| 绝缘部分长度（m） | 1.3 | 2.1 | 3.1 | 4.0 | 5.3 | 6.8 | 3.75 | 3.7 | 5.3 | 6.8 |

（二）绝缘软梯

绝缘软梯主要用于输电线路的等电位作业中，如进行带电修补导线，检修防振锤，断、接引线等。除此之外，也可用于避雷线的检修工作中，但要考虑对导线的组合间隙问题。绝缘软梯的结构由软梯架（金属或硬质绝缘材料制成）、绝缘绳索（蚕丝绳或锦纶绳）和绝缘管连接而成，软梯架与软梯（由绝缘绳和绝缘管制成）之间可自由拆装，如图 3–8 所示。

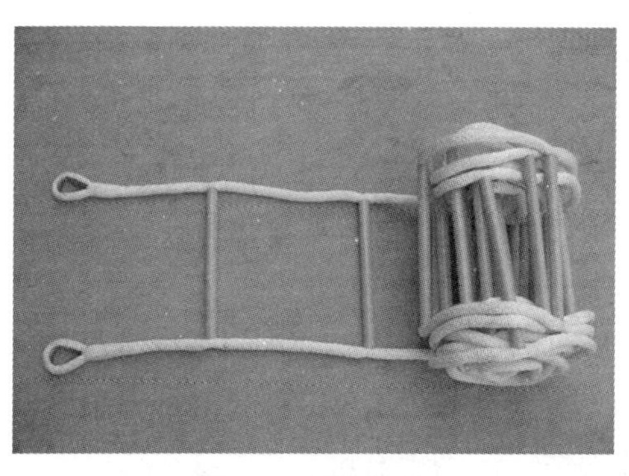

图 3–8　绝缘软梯

绝缘软梯制作简单，携带方便，作业高度不受限制，绝缘绳和绝缘管容易更换且造价不高。由于软梯架上端架有滑轮，可使软梯在导线或避雷线上自由滑动、因此，借助于绝缘软梯进行某些项目的带电作业，操作程序确实比较简单。但是，绝缘软梯在攀登时比较费劲，这是它的主要缺点之一。因此，有些单位研制出了带有自动升降及行走装置的绝缘软梯。

（三）蜈蚣梯

蜈蚣梯一般应用于220～500kV电压等级的输电线路带电作业中，其结构比较简单，由绝缘板和绝缘管制成，形状似蜈蚣，故名蜈蚣梯（见图3–9）。目前在我国带电作业中广泛使用的蜈蚣梯大致可分为分段组装式和单梯式。分段组装式多用于220kV线路直线杆塔上的等电位检修工作中。而单梯式由于梯身较短（2m左右），须借助绝缘滑车组使用，故多用于220kV线路的耐张跳线串进出电位和500kV线路的进出电位工作中。

（四）绝缘平梯

绝缘平梯一般由绝缘管或绝缘管和绝缘板制成，有结构简单、携带方便、重量轻、容易操作等特点。多用于110～220kV线路的耐张杆塔等电位作业工作中。绝缘平梯有一端装设金属挂钩和不装设金属挂钩两种。如图3–10所示。

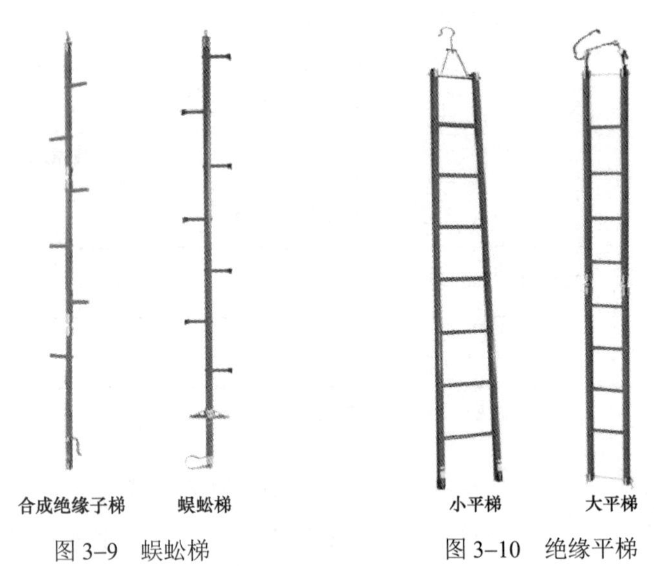


图3–9 蜈蚣梯　　图3–10 绝缘平梯

（五）绝缘吊梯

绝缘吊梯在我国带电作业中使用较少，一般用在220～500kV线路的进出电位工作中，其功能与蜈蚣梯相同。其结构简单，由绝缘管和绝缘板制成，梯长1.6m左右，需借助绝缘滑车组来完成载人功能。该梯的最大特点是携带方便、重量轻、操作灵活。进出电梯人员必须坐在上面，因而也就减少了人体在电场中的活动范围，增大了净空距离，满足了各类杆塔对组合间隙的要求。

（六）绝缘三角梯

与绝缘平梯的功能相似，绝缘三角梯也是主要应用于110～220kV线路的带电作业等电位工作中。同样使用绝缘管材和绝缘板材制作而成，但绝缘三角梯与绝缘平梯相比，抗弯性能、稳固性更优，因而在输电线路带电作业中得到了广泛应用。

（七）绝缘转臂梯

绝缘转臂梯是以杆（塔）身为依托的水平梯子，多用于110～220kV线路的等电位作业中，如更换绝缘子、检修引流线、调整张弛度等。其具体功能与绝缘平梯、绝缘三角梯相似，结构也与绝缘平梯类似，使用绝缘管材和板材制作。其不同于绝缘平梯之处在于绝缘转臂梯的一端装有与杆（塔）连接的固定器，且带有转向功能，可使梯身灵活转动 180°。

（八）绝缘升降梯

绝缘升降梯为绝缘直立梯中最常用的一种梯子，由于高度可以调节且运输方便，放在应用范围上优于固定式绝缘直立梯。绝缘升降梯多用于带电作业的等电位工作（高度一般不能超过 12m）和中间电位工作，变电站内的工作最为常见。该梯通常使用绝缘蜂窝板、绝缘管（椭圆管及矩形管）制作，分为三段进行搭接或插入式连接，如图 3–11 所示。升降部分大都采用滑车组或蜗轮—滑车结构，绝缘升降梯的最大特点是以地面为支承点，再用 1 层或 2 层拉线（绝缘绳）来固定，因此不会给导线或设备增加附加荷重，一般在较小截面的导线或有断股缺陷的导线上工作时使用。

图 3–11　绝缘升降梯

（九）绝缘人字梯

绝缘人字梯也是以地面为支承的绝缘硬梯，如图 3–12 所示，是使用绝缘管材或绝缘板材制作的，使用范围与绝缘升降梯相同。多用于变电站内设备上或电压等级较低的配电线路上的等电位或中间电位工作中。绝缘人字梯的最大特点是稳固性较好，且不受周围场地的限制，缺点是高度一般只有 4～5m。

（十）绝缘独脚爬梯

绝缘独脚爬梯也是绝缘直立梯的一种，通常由 3 节组成，一般为 15m 左右，如图 3–13

图 3–12　绝缘人字梯

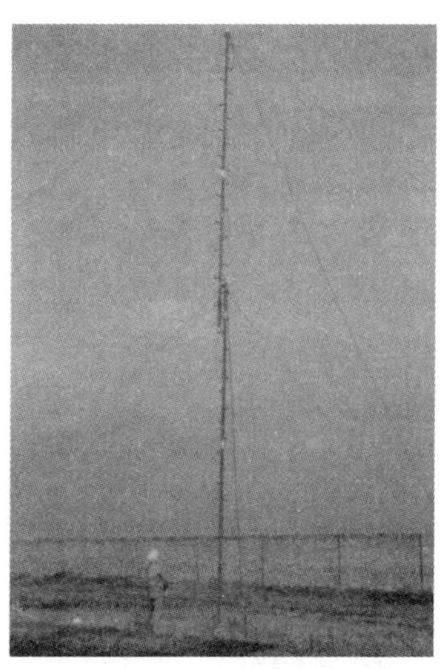

图 3–13　绝缘独脚爬梯

所示。使用绝缘管材制作，与绝缘升降梯相似，以地面为支承点，并用绝缘拉线（绝缘绳）固定，不同之处是绝缘独脚爬梯不能升降。用途与绝缘升降梯相同。

（十一）绝缘挂梯

绝缘挂梯不同于绝缘直立梯，主要是以导线或设备的构架为依托，梯长一般不超过9m，使用绝缘管材或板材制作，如图3–14所示。绝缘挂梯的最大特点是摘挂方便，灵活性及工效较高，适合在变电站内的低层母线上使用。

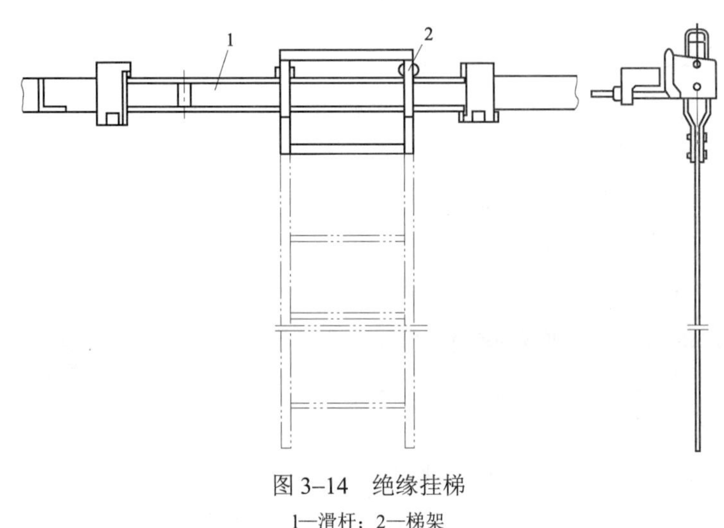


图3–14　绝缘挂梯

1—滑杆；2—梯架

（十二）托绝缘子架（俗称托瓶架）

在更换35～500kV线路的耐张绝缘子串工作中，用于支承拆卸后和安装前的松弛绝缘子串，如图3–15所示，采用绝缘管材或板材制作，托绝缘子架在使用时需安装在耐张绝缘子串的下方并与两端卡具相连。

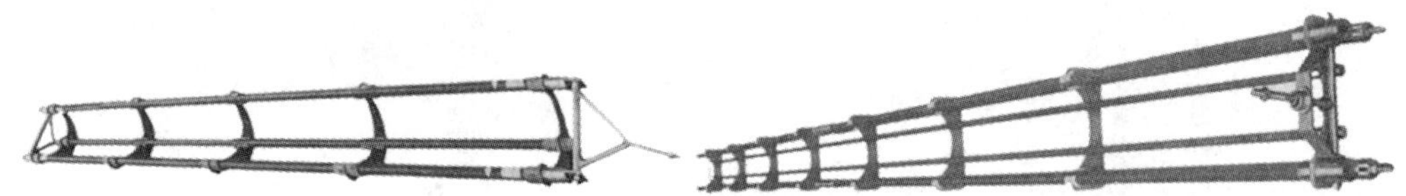

图3–15　托绝缘子架

（十三）绝缘拉板（杆）

采用绝缘板或绝缘棒制作，用于110～500kV输电线路带电更换绝缘子串的工作中。绝缘拉板（杆）必须与丝杠收紧器或液压收紧器配套使用。由于在收紧导线的过程中绝缘拉板（杆）要承受垂直荷重或水平（导线张力）荷重的作用，因此在使用中要定期进行拉力试验。如图3–16所示，绝缘拉板上的小孔用来调节适合绝缘子串的有效长度。绝缘拉杆，使用环氧酚醛玻璃布棒制成，且在其外套一层硅橡胶，起到防雨的功效。

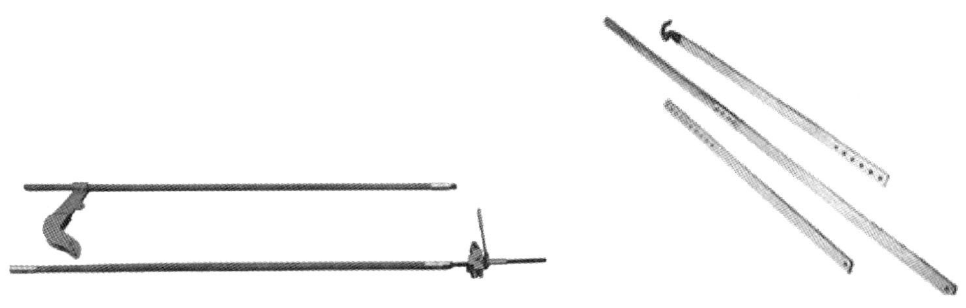

图 3–16　绝缘拉板（杆）

（十四）绝缘滑车组

绝缘滑车组由绝缘绳和绝缘滑车组合而成，如图 3–17 所示。绝缘滑车组的选用要依据承受荷载的大小及应用的目的来确定。滑车中滑轮的个数一般有单轮、双轮、三轮、四轮四种，滑车组中滑车的个数也有单滑车和双滑车之分。由于绝缘滑车组属于承力工具。故滑车中的吊钩、吊环、中轴等金属部件必须使用不低于 45 号钢机械性能的材料制作；护板、隔板、拉板、加强板及绝缘钩等需使用抗拉强度大于 $500\times9.8\times10^4$Pa 的绝缘板制作；滑轮应选用抗弯强度大于 $700\times9.8\times10^4$Pa 的绝缘材料制作。

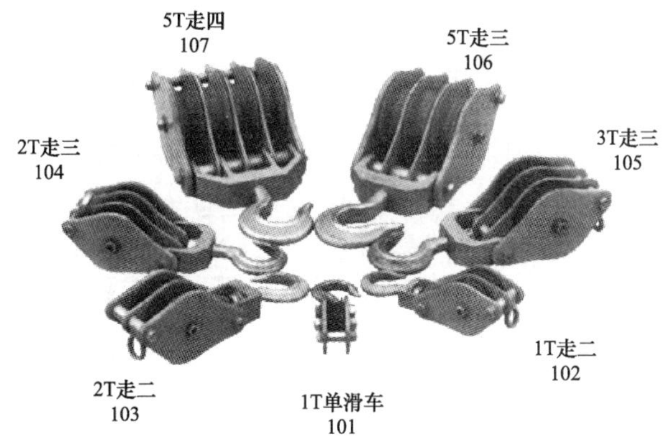


图 3–17　绝缘滑车组

（十五）绝缘斗臂车

绝缘斗臂车是一种机械化的载人工具，它利用绝缘臂及绝缘吊斗把作业人员送到高压带电设备上或设备附近进行工作。解决了一些因间隙小、设备情况复杂，用其他带电作业工具很难进行的作业项目所遇到的问题，也解决了因导线截面小或者导线损伤不能挂软梯的等电位作业问题。但是绝缘斗臂车由于受交通条件和臂高的限制，不能代替软梯或者硬梯在所有的场合使用。

目前，在我国应用的绝缘斗臂车中液压绝缘斗臂车最为常见，一般是利用普通吊车改装而成。液压管采用绝缘折叠伸缩结构，前端挂有方形或圆形绝缘斗，整个斗臂装置安装在一个转盘上，可以旋转 360°。为了增加车子的稳固性，从而最大限度地增加绝缘臂的长度，一般都装有液压支腿。绝缘斗和绝缘臂宜采用环氧树脂与玻璃纤维布缠绕制作，臂内还可以填充泡沫塑料，它们具有良好的绝缘性能。车的前半部是有多个座位的客舱，供作业人员乘坐和装载工器具，如图 3–18 所示。

图 3–18　绝缘斗臂车

由于绝缘斗臂车受交通条件及作业高度的限制，故大多用在 10kV 配电线路及变电站内设备上的带电作业中。其中，最可取的优点是可以穿越带电设备，在上下几层均带电的情况下进行作业。

（十六）导线绝缘保护绳

保护绳由保护绳钩及绝缘绳组合而成。常用于 35～500kV 输电线路直线杆塔带电起吊导线工作中的后备保护，防止导线收紧或松弛后，因起重机具失灵而造成导线脱落。保护绳的绝缘绳部分采用蚕丝绳或绵纶绳编制，并保证相应电压等级足够的安全距离，使用强度应大于导线最大使用应力，安全系数为 2.5。保护绳钩一般用 45 号钢以上机械特性的合金钢或铝合金制作。在使用期间，保护绳除须按要求做必要电气试验外，还应定期做机械拉力试验。除此之外，保护绳钩均需装有闭锁装置，避免在使用中与导线脱离。如图 3–19 所示为目前常用的导线保护绳。

（十七）取绝缘子钳（俗称取瓶钳）

取绝缘子钳通常用于间接带电作业时在整串绝缘子中拿取某一片绝缘子，取绝缘子钳的杆身为绝缘管制作，钳头为金属材料制作。如图 3–20 所示，绝缘杆的长短依据作业电压等级来确定。

（十八）带电作业用屏蔽服

屏蔽服，又称均压服，是电场防护的重要工具之一。我国第一次等电位作业是用金属管作为屏蔽电场的工具，后来发展为利用裸铜线在普通工作服上按一定网距缝制的简易屏蔽服。1968 年，东北电网首先研制出我国第一代用紫铜丝和棉纱捻制成的针织型屏蔽服。进入 80 年代后，随着带电作业工具不断商品化的发展，屏蔽服的生产厂家相继出

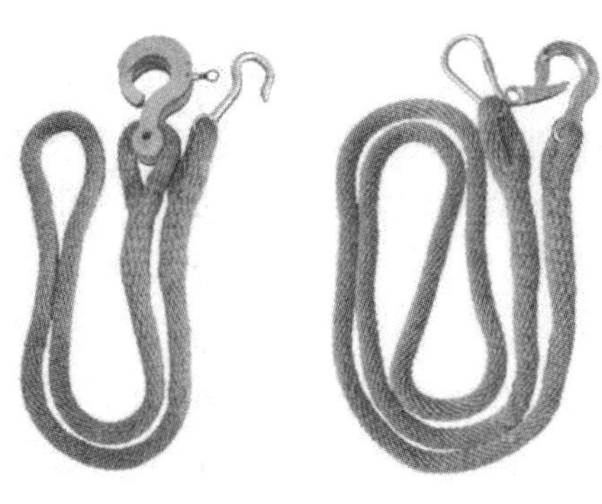

图 3–19　导线绝缘保护绳

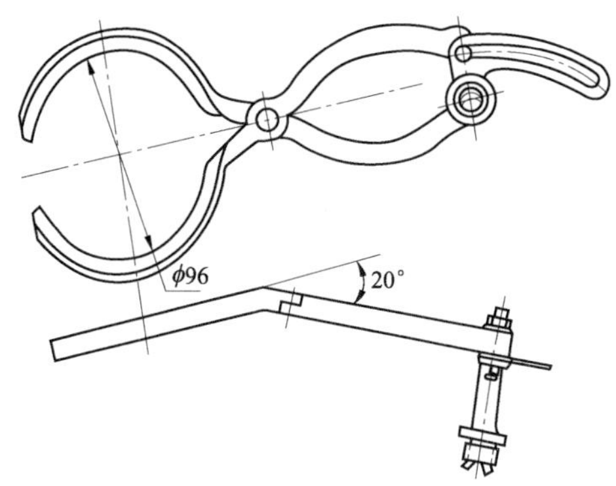


图 3–20　取绝缘子钳

现并迅速发展，到目前为止，国内生产厂家生产的屏蔽服品种已达数 10 种之多，质量上也较以往有了很大的提高。

屏蔽服的作用就是进行电场防护和导流，多用于等电位或强电场中的间接作业中。带电作业所用屏蔽服按制作工艺可分为金属织物型和金属电镀型；按纺织工艺可分为针织型和织布型两种；按织物的防火性能可分为防火型和不防火型；按织物材质可分为天然纤维（蚕丝、棉纱）型和人造纤维型；按使用金属丝的材料又可分为铜丝、铜带、不锈钢丝及导电纤维；按屏蔽服的综合导流性能可分为屏蔽型和导流型。总之，屏蔽服的种类和各项性能指标都是非常重要的，使用时应视其作业内容加以区别、选择。由于现行产品太多，下面我们仅介绍几种常用类型的屏蔽服供大家参考。

1. 织布型屏蔽服

（1）柞蚕—紫铜丝（φ0.05mm 紫铜丝）屏蔽服，该屏蔽服为第一代织布型产品，色泽草绿，织型有平纹和斜纹两种，衣型有单、夹、棉三种。鞋为导电胶鞋，手套有缝制五指分瓣型和针织型两种，此类屏蔽服的屏蔽效果良好（穿透率不大于 1.5%），有较好的加筋线网络，具有 15A 以上的载流量。但其表面电阻较高（大于 10Ω）。紫铜丝的抗折性、化学稳定性及洗涤性能较差，金属丝易断，氧化后电阻变大，穿着时会产生不适感（如针刺及局部麻电）。

（2）JY–Ⅰ、Ⅱ、Ⅲ、Ⅳ型屏蔽服是为 500kV 带电作业研制的第二代织布型屏蔽服，是柞蚕丝—不锈钢（φ0.03mm 蒙代尔钢丝）的织物，色泽深灰，织型仍分平纹、斜纹两种。衣型保留单、夹、棉三种，手套一律为缝制的五指分瓣型，导电鞋分为布鞋（均压布制）及导电胶鞋两种。此类屏蔽服的直流电阻较低，载流量中等，屏蔽效果好，衣物手感柔软，抗折性、化学稳定性及洗涤性均高于第一代屏蔽服。

（3）500–1 型屏蔽服是为 500kV 带电作业专门设计制作的屏蔽服，为经防火处理的蚕丝及扁铜带（φ0.05mm 紫铜丝压扁而成）的织物，色泽浅红，该服装具有较好的抗折性，屏蔽效果也较好，直流电阻也较低，但手感偏硬。它分夏服和冬服两种，夏服的通风性较好（网状结构）。屏蔽帽为太阳帽，导电鞋是皮质胶底鞋，鞋帮衬里为屏蔽绸。

2. 电镀型屏蔽服

电镀型屏蔽服是采用非金属电镀工艺，在棉布或丝绸的表面镀一层导电物质（铜或银），然后加工制作成服装。此类屏蔽服有较好的屏蔽效果，直流电阻偏大，载流量较低，抗折性好，服装比较柔软，但导电物质容易在使用中脱落并污染绝缘绳索，同时造价也较高。

3. 防火型导流服

防火型导流服是为防止或减轻人身在等电位作业中不慎接地引起的电弧烧伤而设计的屏蔽服，在 35kV 及以下小电流接地系统中作为人身后备保护用。因此，它对载流量及防火性都有较高的要求。目前，我们把载流量超过 30A 的屏蔽服称为导流服。

防火型导流服使用阻燃性较好的纤维制作，混纺使用的导电金属丝也多为耐火性强的合金丝，且设计的导流截面较大。因此具有良好的防火导流能力。

按照现行国标，屏蔽服分为Ⅰ型和Ⅱ型两种。用于交流 110（66）kV～500kV、直流±500kV 及以下电压等级的屏蔽服装为Ⅰ型，Ⅰ型屏蔽服屏蔽效率一般，载流量较大；用于交流 750kV 电压等级的屏蔽服装为Ⅱ型，Ⅱ型屏蔽服必须配置面罩，整套服装为连体衣帽裤，Ⅱ型屏蔽服屏蔽效率较高而载流容量相对较小。两种屏蔽服的屏蔽效率均应不小于 40db，熔断电流均不得小于 5A。目前交流 500kV 和直流±500kV 以上电压等级进行等电位作业时所使用的屏蔽服国家标准中并未做出规定，但各厂家均已开始研究制造用于交流 750kV 和直流±660kV 电压等级的屏蔽服。现如今我国带电作业最常用的屏蔽服样式如图 3–21 所示。

图 3–21 屏蔽服样式

## 二、金属工器具

在带电作业过程中，金属工具通常是和绝缘工具配套使用的，我们已经了解了一部分金属小工具。如：拔销钳、扶正器、取绝缘子钳、火花间隙测零装置等，需要借助于绝缘操作杆来行施其各自的功能。除此之外还有许多专用金属工具直接或间接地应用于带电作业中，下面我们将其中较为常用的一些工具进行一下简要的介绍。

### （一）翼形卡具

翼形卡具是卡在导线耐张线夹及后部金具上的双臂式卡具。其中 HDL–35/110 型铝合金卡具最为常见，主要用于直接或间接带电更换 35～110kV 线路上的单串耐张绝缘子。由于其重量轻、强度高、安装简便等优点，因而得到广泛使用。此类卡具分前后两卡组合使用，如图 3–22 所示，前卡卡在正装或倒装式螺栓线夹上，后卡卡在挂点金具上，两卡之间通过绝缘拉板或拉杆相连，卡具下装有托瓶架，后卡上还装有丝杆，用来收紧导线。

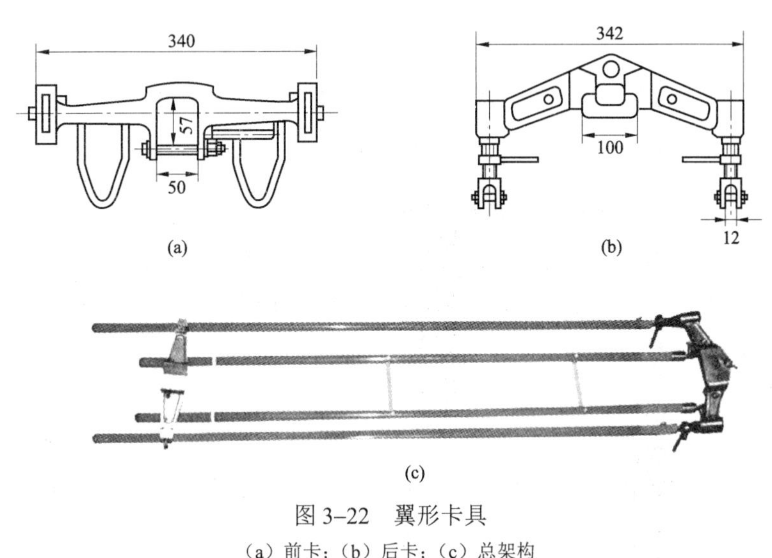


图 3–22　翼形卡具

（a）前卡；（b）后卡；（c）总架构

### （二）大刀卡具

所谓大刀卡具，是在耐张杆塔双串绝缘子的二联板上设置锚固点，前后两卡具通过绝缘拉板（杆）连接，然后利用装在后卡上的丝杆收紧导线，来更换 110～220kV 线路的耐张双串绝缘子中的一串的带电作业专用工具。

因此，有些单位也把其称之为联板卡具。大刀卡具的品种较多，大都为铝合金材料制作，也有部分卡具使用 45 号钢板制作，如图 3–23 所示。依据各地区输电线路结构的不同，大刀卡具的规格尺寸及外形也略有差异，但其使用原理是共同的，就是必须用在耐张双串绝缘子的结构上。也就是说必须借助于二联板方能使用。此外，还有一个共同点，即大刀卡具的前后两卡只用一根绝缘拉板（杆）连接，且置于绝缘子串的外侧，收紧导线时双串绝缘子的另一侧绝缘子串仍受导线张力作用。

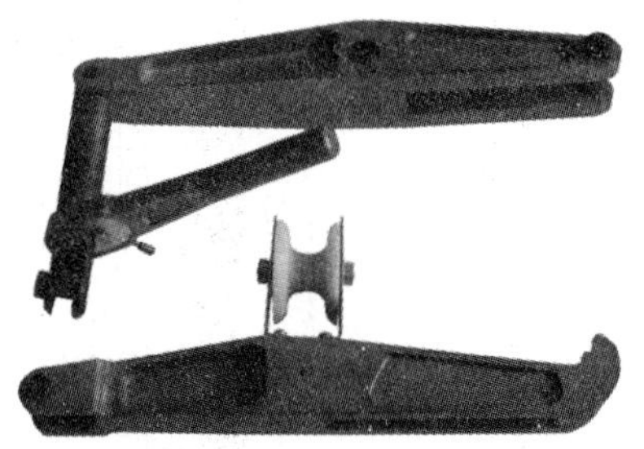

图 3–23　大刀卡具

（三）直线卡具

直线卡具是用来进行带电直接或间接更换 110～500kV 线路直线杆塔上的悬垂绝缘子串的专用工具，且以双臂式卡具为多。它的最大特点是卡具大都卡在横担上，然后通过丝杠与绝缘拉板（杆）相连，才能收紧导线，摘取绝缘子串。需要注意的是；使用此种卡具，必须加导线保护以防导线脱落；再有一点，就是导线端一般不装卡具，如图 3–24 所示。近年来，随着 500kV 超高压输电线路的日益增多，用于带电更换直线杆塔悬垂绝缘子串的工具也各具特色，其中应用较广泛的是西北群峰机械厂生产的横担卡（上卡）与联板卡（下卡）组合式双臂卡具，两卡通过硅胶棒式拉杆相连，具有防雨功能。

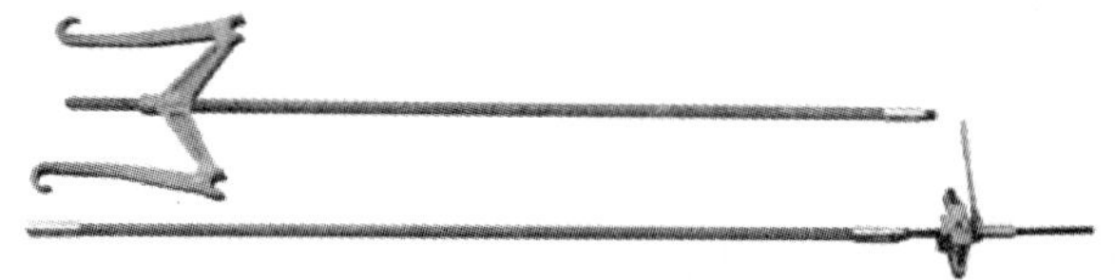

图 3–24　直线卡具

但是此种卡具的上卡不能通用于任何塔形，使用时需特别注意。

此外，对于 500kV 线路直线兼角塔带电更换悬垂绝缘子串的问题，各地都进行了广泛的研制，新型专用卡具比较简单，上卡装于绝缘子挂点金具上，下卡装在导线挂点金具上，且配有丝杠。

（四）半圆卡具

半圆卡具是卡在绝缘子上的双臂式卡具。依据绝缘子型号的不同，此种卡具的型号也不同。同样，依据制作材料的不同，此种卡具又有品种上的差异，如有锻钢制作的，有铸钢制作的，还有铝合金和钛合金制作的。

半圆卡具的最大特点是安装方便，可使用绝缘操作杆进行安装。因此，多用于 220kV 线路上间接带电更换耐张绝缘子串及悬垂绝缘子串中的单片或几片绝缘子。如图 3–25 所示，即为 KDL–220 型铝合金半圆卡具。

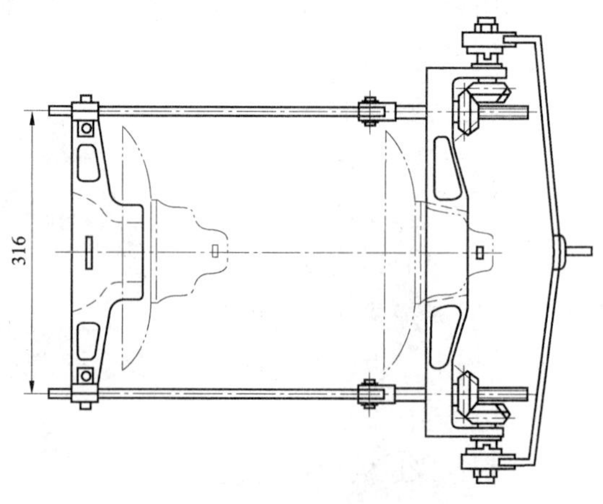


图 3–25　半圆卡具

（五）闭式卡具

与半圆卡具相同，闭式卡具也是卡在悬垂绝缘子上的双臂式卡具，但在结构上及操作方法上则大不相同，见图 3–26 所示。闭式卡具采用螺栓封门操作时需要作业人员手动直接操作。因此，常用在 220～500kV 输电线路带电更换耐张绝缘子串的单片或几片绝缘子时的等电位作业及中间电位作业中。闭式卡具由于绝缘子型号的不同，也分为不同型号。

（六）自动封门卡具

自动封门卡具为闭式卡具的另一种形式，也是卡在悬垂绝缘子上的双臂式卡具。不同之处就是既可用于直接作业，又可用于间接作业，适用于范围为 220～500kV 输电线路的耐张绝缘子串。图 3–27 为铝合金自动封门卡具。

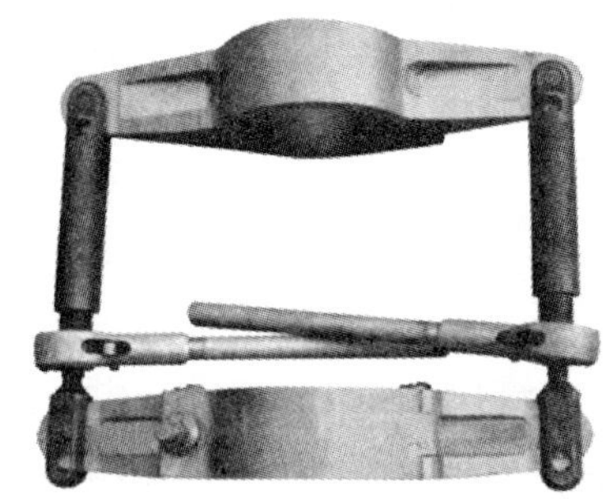

图 3–26　闭式卡具

图 3–27　自动封门卡具

（七）弯板卡具

弯板卡具也是用在 110～220kV 线路耐张双串绝缘子二联板上的单臂式联板卡具，如图 3–28 所示，为铝合金弯板卡具。前后两卡通过绝缘拉板（杆）相连，后卡上装有紧线丝杠，弯板卡具多用于 110～220kV 线路上直接或间接带电更换双串耐张绝缘子中的一串。它的特点是安装方便，操作简单。

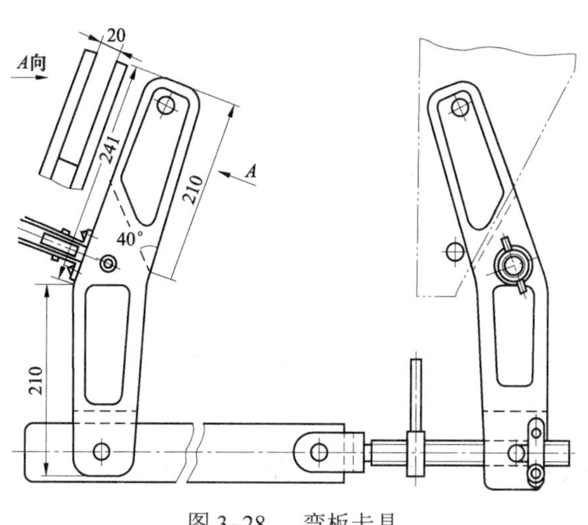


图 3–28　弯板卡具

（八）取销钳

取销钳（见图 3–29）是用于摘取和安装悬式绝缘子的弹簧销子的专用夹钳。多用于 220kV 及以下线路的间接带电作业中，夹钳须连于绝缘操作杆上方可使用。根据取销的方向不同，这类工具的型号也有差异。

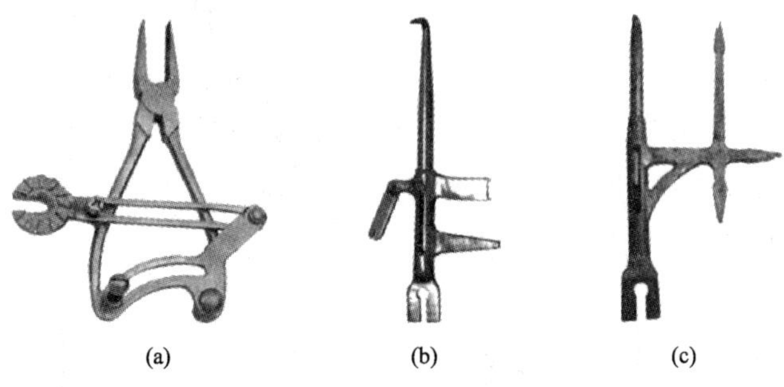


图 3–29　取销钳

（a）摇控式取销钳；（b）多功能取销钳一；（c）多功能取销钳二

（九）组合式电动清扫刷

依靠电动机带动组合毛刷旋转，进行各类绝缘子的清扫工作，是目前变电站内多用的一种机械清扫工具。如图 3–30 所示，刷头的结构有单刷、双刷、叉形刷、钩形刷等四种。利用绝缘操作杆可带电清扫棒式绝缘子、针式绝缘子及绝缘套管，清扫效果与手工清扫相当，但不如水冲洗效果好。

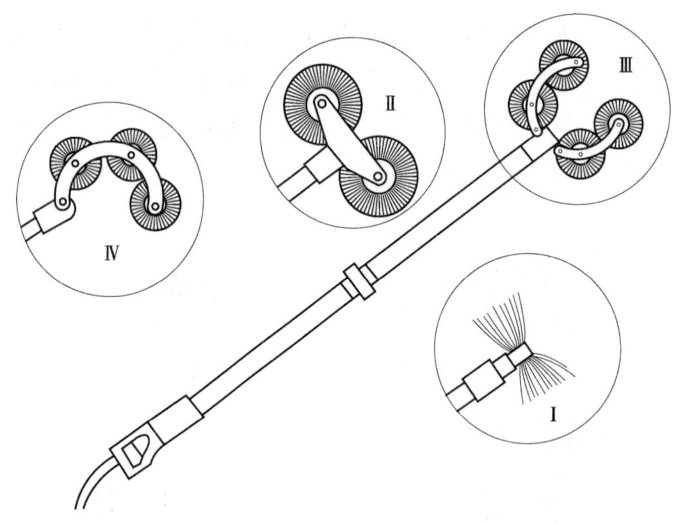


图 3–30　组合式电动清扫刷

## 模块 3　带电作业工器具的试验及其保管

带电作业工器具的试验包括电气试验与机械试验两种，任何一种带电作业工具都必须进行定期的电气试验和机械试验，来检验其是否达到规定的电气性能指标和机械强度。即使是刚出厂的产品，也应及时进行上述两种试验，方可做出合格与否的结论。因为这些工具在制作、运输和保管各个环节中，都可能引起或遗留下观察不到的缺陷，只有在试验中才会暴露出来。所以，带电作业的工具试验是检验工具合格与否的唯一可靠的手段。这一点，应该引起每个从事带电作业人员的高度重视。

## 一、带电作业工具的机械试验

带电作业工具的机械试验分静负荷试验和动负荷试验两种。有些带电作业工具，如绝缘拉板（杆）、吊线杆等，只做静负荷试验；而有些可能受到冲击荷重作用的工具，如操作杆、收紧器等除做静负荷试验外，还应做动负荷试验。

### （一）静负荷试验

静负荷试验，是使用专用加载工具（或机具），以缓慢的速度给被试品施加荷重，并维持一定加载时间，以检验被试品变形情况为目的的试验项目。

试验施加的荷重为被试品允许使用荷重的 2.5 倍，持续时间为 5min，卸载后试品各部件无永久变形即为合格。

使用荷重可按以下原则确定：

（1）紧、拉、吊、支工具（包括牵引器、固定器），凡厂家生产的产品可把铭牌标注的允许工作荷重作为使用荷重；也可按实际使用情况来计算最大使用荷重。

（2）载人工具（包括各种单人使用的梯子、吊篮、飞车等），以人及人体随身携带工具的重量作为使用荷重。

（3）托、吊、钩绝缘子工具，以一串绝缘子的重量为使用荷重。

在进行静负荷试验时，加载方式为：将工具组装成工作状态，模拟现场受力情况施加试验荷重。

### （二）动负荷试验

动负荷试验，是检验被试品在经受冲击时，机构操作是否灵活可靠的试验项目。因此，其所施负荷量不可太大。一般规定用 1.5 倍的使用荷重加在安装成工作状态的被试品上，操作被试品的可动部件（如丝杠柄、液压收紧器的扳把及卸载阀等），操作三次，无受卡、失灵及其他异常现象为合格。

由于操作杆经常用来拔取开口销、弹簧销或拧动螺钉，因此也要做抗冲击和抗扭试验，冲击矩可取 500N・cm，扭矩可取 250N・cm。

目前，我国的带电作业工具机械试验还是一个比较薄弱的环节，无论是静负荷试验，还是动负荷试验，在试验方法、试验条件、试验设备等一些技术性的问题上还有待于进一步的研究、完善。例如有关静负荷试验的安全系数问题，统一规定为 2.5 倍是不细致的，其中载人工具的安全系数应当有所区别，且应高于其他使用荷重很大的承力工具。还有试验周期的问题，机械试验本身就是一种有损检测，也就是说施加的试验荷重可能对工具产生累积性损伤。如果试验次数过多，势必影响工具的使用寿命。因此，这一问题也有待于进一步研究、解决。再有，就是试验设备的问题，目前大多数单位没有试验设备，所以，许多机械试验不能正常进行，尤其是动负荷试验，因缺乏具体的试验手段和要求，基本上不能实现。

## 二、带电作业工具的电气试验

带电作业用绝缘工器具，在出厂前就应进行出厂试验，而且试验项目和达到的指标必须满足国标要求。由于产品长期积压、出厂运输、以及有些厂家在出厂试验时只进行随机抽样试验等原因，产品到达用户手中时，还必须进行验收试验。试验标准应参照国标规定。

除了以上两项试验外，带电作业工具经过一段时间的使用和储存后，无论在电气性能方面还是在机械性能方面，可能会出现一定程度的损伤或劣化。所以，我们还应进行定期试验，也即预防性试验和检查性试验。下面我们就绝缘工具的电气试验的内容、标准进行一些重点介绍。

绝缘工具电气试验应定期进行，预防性试验每年一次，检查性试验每年一次，两种试验间隔半年，试验内容为工频耐压试验、操作冲击试验。

### （一）工频耐压试验

1. 耐压标准

绝缘工具定期试验的试验电压一般按式（3–1）计算得出

$$U=U_g \times K_0 K_1 / K_2 \qquad (3\text{–}1)$$

式中 $K_1$——绝缘裕度系数（出厂取 1.1，预防性试验取 1.0）；

$K_2$——海拔修正系数（取 1000m 为 0.91）；

$K_0$——最大过电压倍数（取 2.18）。

上述试验电压最好在工具的有效长度上整段施压，220kV 及以下电压等级绝缘工具加压时间为 1min。330kV 及以上电压等级绝缘工具加压时间为 5min。试验结果以无发热、不放电为合格。

如果在试验设备受到限制而不能整段施压时，允许进行分段试验，但最多不能超过四段。分段试验电压可按式（3–2）计算得出

$$U' = 1.2UL' / L \qquad (3\text{–}2)$$

式中 $U'$——分段试验电压，kV；

$U$——整段试验电压，kV；

$L$——整段试验长度，m；

$L'$——分段试验长度，m；

1.2——分段试验调整系数。

1.2 如以 $K$ 表示则式（3–2）改写为

$$U' = KUL' / L \tag{3-3}$$

大量试验证明，$K$ 不是一个固定值，它随试验分段数而变化，即分段越多，$K$ 值越大，故 330kV 及以上电压等级的绝缘工具必须进行整段施压试验。

2. 试验方法

（1）绝缘杆工频耐压试验。试验时绝缘操作杆，支、拉、吊杆等绝缘杆的金属头（或金属接头）部分应挂在施压的高压端（一般用长度不小于 2.5m，直径为 20mm 的金属棒做高压端来模拟导线，并悬挂在空中），接地线接在握手部分与有效绝缘长度的分界线处（指操作杆）或原接地端（指支、拉、吊杆），然后按式（3–1）计算得出的电压值 $U$ 进行施压（指整段耐压试验）。如进行分段试验，施压值按式（3–2）计算出的 $U'$ 值选取。

（2）绝缘硬梯的工频耐压试验。绝缘硬梯包括直立梯、人字梯、水平梯和挂梯，试验时同样以一根直径为 20mm，长为 2.5m 的金属棒做施压的高压端，并水平悬挂来模拟导线。然后将绝缘硬梯的一端（一般指金属头的那端）挂在高压端上，接地线接在最短有效绝缘长度处（先用锡箔包绕其表面，然后再用裸铜线缠绕接地）。施压同样按式（3–1）或式（3–2）计算值选取。

（3）绝缘绳索、绝缘软梯的工频耐压试验。为了检验整副绝缘软梯或整根绝缘绳索的全部耐压水平，试验时，按图 3–31 所示的方法，在两根直径为 20mm，长度适当的金属棒上缠绕悬挂绝缘软梯或绝缘绳索，其中一根金属棒为高压端，通过绝缘子水平悬挂于空中。另一根金属棒同时悬挂于空中，并接地。两根金属棒之间的距离等于最高使用电压下的最短有效绝缘长度。

（4）绝缘遮盖物的工频耐压试验。绝缘遮盖物包括各种绝缘软板、硬板、薄膜等。在进行耐压试验时，如图 3–32 所示的方法，将绝缘遮盖物水平放置在绝缘支承台上，同时在被试物的两侧用铝箔作电极，上下均用泡沫塑料和连接片压紧，以保证其接触良好。然后将上面极板接电源，下面极板接地。此外，试验时被试品应按使用电压要求留足边缘宽度。

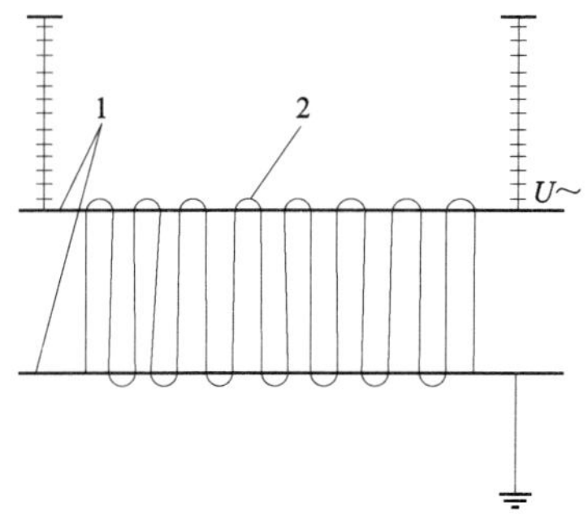

图 3–31　绝缘绳索的工频耐压试验

1—金属棒；2—绝缘绳

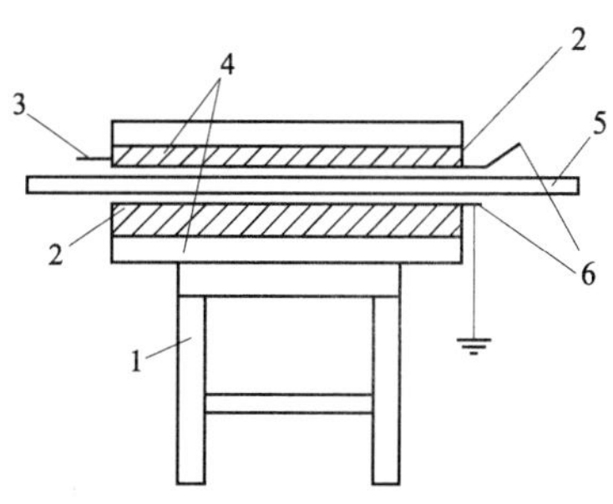

图 3–32　绝缘遮盖物的工频耐压试验

1—支承台；2—泡沫塑料；3—电源；4—连接片；5—试品；6—锡箔

（5）雨天作业工具的工频耐压试验。在进行雨天作业工具的工频耐压试验时，被试品的安放位置应与其工作状态一致，施压端仍用一根$\phi$20mm，长 2.5m 的金属棒作模拟导线。施压前在试品上应喷淋均匀的滴状雨，雨滴的作用区域应超过试品外形尺寸范围。降水量为 3mm/min。水电阻率不得超过 10Ω·m，淋雨方向与地面成 45°角。操作杆等被试品与地面呈 45°角，与淋雨方面成 90°角；直立梯等被试品与地面成 90°角，与淋雨方向呈 45°角；水平梯等被试品应与地面平行放置，与雨水呈 45°角，被试品雨淋 10min 后开始施压。

雨天作业工具在耐压试验中，与水冲洗工具一样要测量泄漏电流，但测量引线要使用屏蔽线，并在测量引线端加防雨罩，且引线端部绝缘部分还应涂上凡士林等防水剂，同时，被试品低压端要离地。见图 3–33 所示。

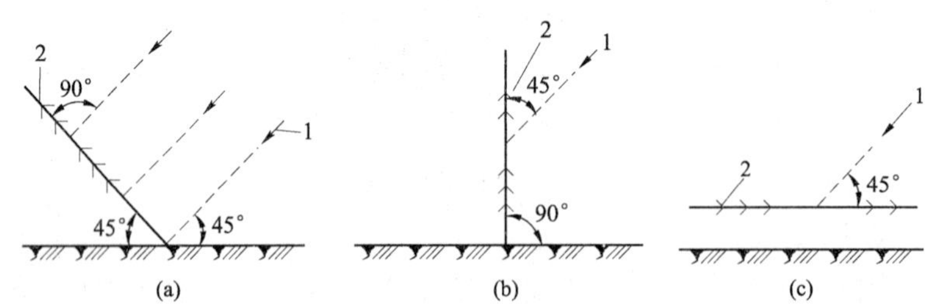


图 3–33　雨天作业工具的工频耐压试验

1—雨水方向；2—雨罩

3. 试验条件

绝缘工具的绝缘强度包括外部绝缘和内部绝缘两部分，而影响外绝缘的主要因素有气压、温度、湿度、雨水、污秽以及邻近物体的邻近效应。因此，试验时的大气状态与标准大气状态不同时，要将放电电压修正到标准大气状态下。相对湿度在 80%以上时，会引起放电电压的变化，故在淋雨试验中，只进行相对空气密度的修正，不修正湿度。

（二）操作冲击耐压试验

由于绝缘工具的设计制作应满足系统过电压水平。所以，为了保证带电作业的安全，绝缘工具还应进行操作冲击耐压试验，根据规程要求，操作冲击试验一般针对 330～500kV 电压等级的绝缘工具。

操作冲击试验电压可按式（3–4）计算得出。

$$U_{T}=\frac{U_{H}\sqrt{2}}{\sqrt{3}}K_{0}\cdot\frac{K}{K_{1}} \tag{3–4}$$

式中　$K_0$——最大过电压倍数（取 2.18）；

$K$——电压升高系数（取 1.1）；

$K_1$——海拔修正系数（取 1000W，为 0.91）；

$U_H$——系统额定电压（有效值），kV。

波形：250±50/2500±100μs。

极性：正极性。

耐压次数：冲击 15 次无放电为合格。

操作冲击耐压试验只能在有效绝缘长度内全段施压，按工具现场使用情况，在接触带电体一侧加电源，握手或接地部分接地线。

## 三、带电作业工器具的保管

带电作业工器具，特别是绝缘工器具的性能优劣是性命攸关的大事。因此，带电作业工具的使用与保管，应严格按照规程规定，采取有效的措施进行保护。

### （一）带电作业工器具专用库房

带电作业工具应存放在清洁、干燥、通风的专用工具库房内。库房四周及屋顶应装有红外线干燥灯，以保持室内干燥，库房内应装有通风装置及除尘装置，以保持空气新鲜见无灰尘。此外库房内还应配备小型烘干柜，用来烘干经常使用的或出库时间较长的（例如外出工作连续几天未入库的）绝缘工器具。

带电作业专用库房除具备以上条件外，还应做到与室外保持恒温的效果，以防止绝缘工器具在冷热突变的环境下结霜，使工具变潮。库房内存放各类工器具要有固定位置，绝缘工具应有序地摆放或悬挂在离地的高低层支架上（按工器具用途及电压等级排序，且应标有名签），以利通风；金属工器具应整齐地放置在专用的工具柜内（按工器具用途分类、按电压等级排序，并应标有名签）。

库房要设专人管理，要将所有的工器具登记入册并上账，各类工器具要有完整的出厂说明书、试验卡片或试验报告书。工器具出入库必须进行登记，入库人员必须换拖鞋，库房管理人员要注意保持室内清洁卫生，定期对工器具进行烘干或进行外表检查及保养，如发现问题，应及时上报专责人员。此外，库房管理人员还要负责每年两次的电气试验及一年一次的机械试验。新工具入库，要做好验收试验工作，报废或淘汰工器具要清理出库房，不得与可用工器具混放。

### （二）带电作业工器具的使用、运输原则

带电作业工器具出库装车前必须用专用清洁帆布袋包装，长途运输应具备专用工具箱，以防运输途中工器具受潮、受污，同时也防止由于颠簸、挤压使工器具受损。

现场使用工器具时，在工作现场地面应放苫布，所有工器具均应摆放在苫布上，严禁与地面直接接触，每个使用和传递工具的人员，无论在塔上，还是地面均须戴干净的手套，不得赤手接触绝缘工器具，传递人员传递工具时要防止与杆塔磕碰。

外出连续工作时，还应配带烘干设备，每日返回驻地后，要对所带绝缘工器具进行一段时间的烘干，已备次日使用。

# 第四章

# 特高压电网

特高压交流输电是指1000kV及以上电压等级的交流输电工程及相关技术。特高压交流电网突出的优势是：可实现大容量、远距离输电，单回1000kV输电线路的输电能力可达同等导线截面的500kV输电线路的4倍以上；可大量节省线路走廊和变电站占地面积，显著降低输电线路的功率损耗；通过特高压交流输电线实现电网互联，可以简化电网结构，提高电力系统运行的安全稳定水平。

国际上，高压直流通常指的是±600kV及以下直流系统，±600kV以上的直流系统称为特高压直流。在我国，高压直流指的是±660kV及以下直流系统，特高压直流指的是±800kV和±1000kV直流系统。从电网特点看，特高压交流可以形成坚强的网架结构，对电力的传输、交换、疏散十分灵活；直流是“点对点”的输送方式，不能独自形成网络，必须依附于坚强的交流输电网才能发挥作用。

## 一、特高压电网的特点

1. 特高压交流输电的主要特点

（1）特高压交流输电中间可以落点，具有网络功能，可以根据电源分布、负荷布点、输送电力、电力交换等实际需要构成国家特高压骨干网架。

（2）随着电力系统互联电压等级的提高和装机容量增加，等值转动惯量加大，电网同步功率系数将逐步加强。

（3）特高压交流线路产生的充电无功功率约为500kV的5倍，为了抑制工频过电压，线路必须装设并联电抗器。

（4）适时引入1000kV特高压输电，可为直流多馈入的受端电网提供坚强的电压和无功支撑，有利于从根本上解决500kV短路电流超标和输电能力低的问题。

2. 特高压直流输电的主要特点

（1）特高压直流输电系统中间不落点，点对点、大功率、远距离直接将电力送往负荷中心。

（2）特高压直流输电可以减少或避免大量过网潮流，按照送受两端运行方式变化而改变潮流。

（3）特高压直流输电的电压高、输送容量大、线路走廊窄，适合大功率、远距离输电。

（4）在交直流并联输电的情况下，利用直流有功功率调制（如双侧频率调制——利用直流电流反相位调制），可以有效抑制与其并列的交流线路的功率振荡，包括区域性低频振荡，明显提高交流系统的暂态、（动态）稳定性。

（5）大功率直流输电，当发生直流系统闭锁时，两端交流系统将承受大的功率冲击。

3. 特高压交、直流输电方式比较

（1）特高压交流输电方式。

中间可以落点，具有电网功能；输电容量大、覆盖范围广；节省架线走廊；线路有功功率损耗与输送功率的比值较小；从根本上解决了大受端电网短路电流超标和 500kV 线路输电能力的问题，具有可持续发展性。输电能力取决于各线路两端的短路容量比和输电线路距离；输电稳定性（同步能力）取决于运行点的功角大小（线路两端功角差）。特高压交流输电方式需要解决的问题有：随着运行方式变化，交流系统调相调压问题；大受端电网静态无功功率平衡和动态无功功率备用及电压稳定性问题；严重运行工况及严重故障条件下，相对薄弱断面大功率转移等问题，是否存在大面积停电事故隐患及其预防措施研究。

（2）特高压直流输电方式。

特高压直流输电稳定性取决于受端电网有效短路比和有效惯性常数。大受端电网静态无功功率平衡和动态无功功率备用及电压稳定性问题。在多回直流馈入比较集中落点条件下，大受端电网严重故障是否会发生多回直流逆变站因连续换相失败引起同时闭锁等问题，是否存在大面积停电事故隐患及其预防措施研究。

根据大量的分析研究，特高压直流输电在我国的可选方案为 1000kV 特高压交流输电和±800kV 特高压直流输电两种输电方式。这两种输电方式各有相应的适用场合，两者相辅相成、互为补充。我国发展 1000kV 特高压交流输电，主要定位于更高一级电压等级的国家电网骨干网架建设和跨大区联网；我国发展±800kV 特高压直流输电目前主要定位于我国西部大水电基地和大煤电基地电力的远距离大容量外送。

## 二、特高压电网的发展历程

交流特高压输电技术于 20 世纪 60 年代末已正式提出，首先由苏联于 1968 年开始了相应的研究工作。随后美国、加拿大、瑞典、意大利、日本等国也在 70 年代初先后开展了大量的试验研究工作。当时研究的重点是空气间隙和绝缘子放电特性、导线电晕特性等，以搞清楚特高压输电是否有不可克服的技术困难，特别是要搞清楚在操作冲击电压作用下，空气间隙放电特性的饱和现象是否会成为特高压输电的不可逾越的障碍。苏联在 1981 年开始建设 495 千米试验线路，1985 年 8 月投入 1150kV 运行，到 1988 年建成第二段 400km 线路。从 1988 年末到 1991 年这 900km 的输电线路（1 个升压变电站，2 个降压变电站）在百万伏级全电压下投入运行。但由于 1991 年苏联的解体、无电可送等原因，这条线路最终全部降压运行或停运。美国的电力研究院（EPRI）和加拿大 IREQ 研究所曾开展过相当系统的特高压输电研究，包括系统特性、线路机械特性、线路和变电站的绝缘特性等，证明特高压输电在技术上是可行的。

1971 年在美国西海岸建立了两条百万伏电压等级的试验线段，有 10 多个国家参加，进行电气和机械方面的试验。美国 BPA 公司和 AEP 公司都建立了特高压的实验性变电站，对电气设备的样机进行带电考验。后来，由于各种原因北美的特高压计划相继搁浅。日本在 20 世纪 70 年代也开始了百万伏级交流输电技术的研发，一直到 90 年代后期建起了新榛名百万伏六氟化硫气体绝缘变电站和一段试验线路。1999 年起，日本百万伏设备一直在带电试验运行，但不输送功率。国内在 20 世纪 80 年代末也提出过百万伏输电技术的研发计划，并在相关高等学校和研究所中进行过系统技术参数、线路变电站绝缘、线路防雷等项研究。在武汉高压研究所建成了特高压户外试验场和试验线段。

20 世纪 70 年代以来国内外的大量研究工作证明，实现特高压交流输电在技术上是可行的，没有不可克服的技术困难。

## 三、发展特高压电网存在的问题

保证电源和电网安全稳定运行是电网建设的第一任务。根据国外几次大停电的教训，交流电压等级越高，覆盖范围越大，越存在巨大安全隐患，联系紧密的特高压交流电网某一局部甚至某一部件发生破坏，就会将事故迅速扩大至更大范围。不仅在战时，而且在平时，电网很容易遭遇台风、暴雨、雷击、冰凌、污闪、军事破坏等天灾人祸，会将事故迅速蔓延扩大。

## 四、我国发展特高压电网的原因

1. 发展特高压电网是我国资源和电力负荷分布特点的要求

我国一次能源在地域分布上呈现“北多南少”“西多东少”的格局。这与我国区域经济发展水平和能源消费水平极不一致。从煤炭资源看，昆仑山—秦岭—大别山以北，煤炭资源的保有储量占全国的 90.3%；大兴安岭—太行山—雪峰山以西煤炭保有储量占 85.98%。而主要负荷区京津冀、华东六省一市，以及广东省，总共煤炭保有储量仅占 7.0%。从水力资源看，90%以上集中在京广铁路以西，西部 12 个省区占有全国的 79.3%，四川、西藏和云南就占 57%，而东部沿海 12 个省市只占 8.9%。而且我国地区间开发程度差别很大，东部水电开发程度高达 68%，西部开发程度低，仅有 12.5%。计划新增的 1.8 亿 kW 水电中，约 1.6 亿 kW 在西部。预计 2020 年全社会用电量将比 2000 年净增 3.25 万亿 kW • h，其中华东电网、华北电网、南方电网占全国新增用电量的 2/3 以上，但这些地区大多缺少一次能源。因此，大容量、远距离的水电和煤电的输送工程将成为我国能源资源优化配置的必然要求和重要保障。由于水电受气候与季节的影响，必须依靠电网与煤、核电等协调运行，以充分发挥资源优势。西部大型电站送出的距离和容量已经超出了现有 500kV 线路的能力。技术经济分析表明，在 1000km 左右的输电距离，特高压输电是很有竞争力的输电方案。

2. 发展特高压电网是促进煤炭资源合理利用的需要

我国在煤炭生产和利用方面，存在着“三低”：煤炭资源采用率低，煤炭生产集中度低（产业链短），煤炭入洗率低。同时还有煤炭运输制约严重等一系列问题。解决上述问题的出路之一是提高煤炭资源就地转化率，建设大型煤电基地，变输煤为输电，提高煤炭转化率和延长产业链。煤炭产业链的延长，会将地区的资源优势转化为经济优势，有力地促进煤炭资源所在地经济的快速发展，促进当地经济繁荣和社会进步。另外，在煤炭资源质量结构中，埋藏深度小于 600m 的煤炭 80%以上是低热值高灰分的褐煤。因为褐煤外运经济性差，建设坑口电站、将其电力外送是利用褐煤资源比较经济合理的解决方案。而要提高煤炭生产的集约化程度和建设大型煤电基地，就需要更好地解决大火电基地电力外送问题。采用特高压输电是重要措施之一。

3. 发展特高压电网有利于节省输电走廊

输电走廊是制约我国发展远距离输电的瓶颈。一些大型水电站，坝区空间十分有限，如果沿用 500kV 电压送出，安排出线走廊相当困难。特高压输电在节约输电走廊方面具有一定的优势。目前国内走廊宽度（拆迁民房的宽度）主要由走廊边沿电场强度控制。如线路走廊边沿电场强度按 4kV/m 控制，500kV 单回路走廊宽度约 45m，1000kV 单回路走廊宽度约 98m；如按 3kV/m 控制，500kV 单回路走廊宽度约 55m，1000kV 单回路走廊宽度约 106m。也就是说，单回特高压线路的走廊宽度约 500kV 的 2 倍，但其输送功率为 500kV 线路的 4～5 倍，因此特高压线路输送单位自然功率所需的走廊宽度仅为 500kV 线路的一半左右。

4. 发展特高压电网促进电网结构优化

目前西电东送基本上都采用超高压直流输电方案，在建和规划中的大容量直流输电线路则更多。直流输电是一种重要的输电和联网方式，特别是对于 1500～2000km 输电距离的大容量输电，直流输电比较经济，占用的输电走廊较少。但是，西部的大型电站送出清一色地采用直流输电会造成电网的结构性缺陷：端对端直流输电线路不能中途落点，缺乏应对东、西部电力负荷变化的灵活性；落点在同一负荷区的多条直流输电线路之间相互作用可能导致故障连锁反应，有许多复杂技术问题尚待研究解决。如果采用交流超高压/特高压输电技术，则可为西电东送提供多样化的选择，将有助于改善我国电网结构。

5. 发展特高压电网促进我国输变电制造业的自主创新

我国已经成为仅次于美国的电力生产和消费的大国和世界最大的大型电力装备市场，但电力技术水平和电工制造水平距离国际先进水平尚有差距。我国在超高压交直流输电的一些关键技术和设备制造领域，如 750kV 等级的断路器、高性能的避雷器、高性能电力电子器件、超高压直流输电的换流阀、换流变压器、套管等方面还不能摆脱对国际跨国公司的依赖。例如西北 750kV 示范工程的 GIS 就是从韩国引进的。印度在建设第一条直流输电线路时，一端的换流站就实现了国产化，而我国已经建设了六条超高压大容量的直流输电线路，但关键设备仍然需要进口。日本、意大利、瑞典、韩国等国都是疆土狭小的国家，本国对特高压电并无迫切需求。然而，这些国家都执行过超高压/特高压的研究计划，其主要目的是通过高一级电压输电技术的研究和设备的研制，大幅度提升输变电重大装备的制造质量和技术水平，驱动本国输变电设备自主化，进而占领国际市场。这些国家的经验告诉我们应当抓住当前电力高速发展、电网规模不断扩大的时机，大力推进超高压/特高压输电技术的自主创新，促进我国输变电装备制造业升级换代。

6. 发展特高压电网具有巨大经济效益

目前西部、北部地区电煤价格为 200 元/t 标准煤。将煤炭从当地装车，经过公路、铁路运输到秦皇岛港，再通过海路、公路运输到华东地区，电煤价格则增至 1000 多元/t 标准煤。折算后每千瓦时电仅燃料成本就达到 0.3 元左右。而在煤炭产区建坑口电站，燃料成本仅 0.09 元/（kW·h）。坑口电站的电力通过特高压输送到中东部负荷中心，除去输电环节的费用后，到网电价仍低于当地煤电平均上网电价 0.06～0.13 元/（kW·h）。

7. 发展特高压电网是清洁能源发展的必要支撑

只有特高压才能够解决清洁能源发电大范围消纳的问题。前一段时间，内蒙古风电“晒太阳”送不出的问题广受关注。事实上，我国风电资源主要集中在“三北”地区，而当地消纳空间非常有限。风电的进一步发展，客观上需要扩大风电消纳范围，大风电必须融入大电网，坚强的大电网能够显著提高风电消纳能力。特高压电网将构成我国大容量、远距离的能源输送通道。据测算，如果风电仅在省内消纳，2020 年全国可开发的风电规模约 5000 万 kW。而通过特高压跨区联网输送扩大清洁能源的消纳能力，全国风电开发规模则可达 1 亿 kW 以上。

8. 发展特高压电网与发展 750kV 交流输电并行不悖

中国工程院于 2002 年 4 月根据国家发展计划委员会计办高技〔2002〕408 号文的要求，对我国西北 750kV 输电示范工程的可行性开展了咨询。咨询报告的主要结论是：

（1）西北地区按照 110/330/750kV 标准电压等级系列选择 750kV 作为更高一级交流输电电压，在技术经济上是合理和可行的。用 220/500/1000kV 系列统一全国电网、简化电压等级固然有不少优点，但多年的技术经济论证表明，改造西北电网的方案不仅代价太高，而且可行性和必要性都有问题。我国幅员辽阔，电源和负荷分布的情况极其复杂，不应强求所有地区套用单一的电压等级系列。

（2）在西北地区发展 330/750kV 系列与在全国其他地区发展 500kV 主流系列是并行不悖和相辅相成的。未来西电东送可能采用 1000kV 特高压输电。西北电网 750kV 输电线外绝缘水平已接近于平原地区特高压（1000kV 及以上）输电要求。在西北发展 750kV 输电可以为未来特高压输电技术在我国的可能应用提供技术储备。2005 年 10 月，我国第一个 750kV 输电工程在西北成功投运，对于在我国西北以外的广大地区发展 500/1000kV 系列的输电技术将会有重要的促进作用。基于以上的分析，咨询研究组认为：在我国发展特高压输电技术的工程应用是必要的。

## 五、我国特高压电网的建设现状及电网规划

“十三五”特高压规划：三横三纵一环网。国家电网在“十二五”规划中提出，今后我国将建设连接大型能源基地与主要负荷中心的“三纵三横一环网”特高压骨干网架和 13 项直流输电工程（其中特高压直流 10 项），形成西电东送、北电南送的能源配置格局。其中三个纵向输电通道分别为：锡盟—北京东—天津南—济南—徐州—南京、张北—北京西—石家庄—豫北—驻马店—武汉—南昌、蒙西—晋中—晋东南—南阳—荆门—长沙；三个横向输电通道分别为：陕北—晋北—石家庄—济南—潍坊、靖边—晋中—豫北—徐州—连云港、雅安—乐山—重庆—长寿—万县—荆门—武汉—皖南—浙北—上海；一环网为：淮南—南京—泰州—苏州—上海—浙北—皖南—淮南长三角。

2020 年，国家特高压交流电网在华北、华中、华东负荷中心地区形成坚强地多受端主网架，以此为依托延伸至陕北、蒙西、宁夏火电基地和四川水电基地，呈棋盘式格局，主要输电通道包括：蒙西—石家庄—济南—青岛通道，陕北—晋中—豫北—徐州—连云港通道，靖边—西安—南阳—驻马店—滁州—泰州通道，乐山—重庆—恩施—荆门—武汉—芜湖—杭北—上海通道；晋东南—南阳—荆门—长沙—广东通道，北—石家庄—豫北—驻马店—武汉—南昌通道，唐山—天津—济南—徐州—滁州—南通道，青岛—连云港—泰州—无锡—上海—杭北—金华—福州通道。其中：锡盟—北东，锡盟—唐山装设串补，串补度 30%，蒙西—北东、蒙西—石家庄、陕北—晋中、陕北—晋东南、晋中—豫北、宁东—乾县、西安东—南阳、西安东—恩施、乾县—达州、乐山—重庆、重庆—恩施、恩施—荆门、恩施—长沙等线路均装设串补，串补度 40%；西北、东北电网均通过直流方式与华北、华中、华东大同步网保持异步联系。2020 年规划建成特高压直流 11 回，包括：金沙江一期溪洛渡和向家坝水电站、二期乌东德和白鹤滩水电站送电华东、华中；锦屏水电站送电华东；哈密煤电送电华中；呼盟煤电基地送电华北、辽宁；俄罗斯送电辽宁。

2020 年特高压工程规模将达到 45 座交流变电站（开关站），主变台数将达到 75 台，总变电容量达到 22 350 万 kVA，交流特高压线路长度达到 31 490km；800kV 直流线路总数达到 11 回，包括 21 个直流换流站，线路总长度 17 680km（包括俄罗斯送电辽宁直流境内部分）。

## 六、其他先进输电技术介绍

1. 柔性直流输电技术（VSC–HVDC）

柔性直流输电是以全控型电力电子器件、电压源换流器和新型调制技术为突出标志

的新一代直流输电技术，具有无须无功补偿和电网支撑换相、占地面积和环境影响小等特点；柔性直流输电系统适用于可再生能源发电并网、孤岛和城市供电等方面，特别是在风力发电并网方面，柔性直流输电系统的综合优势最为明显；柔性直流输电技术在提高电力系统稳定性，增加系统动态无功支撑，改善电能质量，解决非线性负荷、冲击性负荷和三相不平衡等产生的问题，保障敏感设备供电等方面也都具有较强的技术优势；柔性直流输电技术开发的作用和意义柔性直流输电是构建智能化电网的重要装备，对于坚强智能电网的建设和电网的经济、安全、可靠运行，有着显著的促进作用。

2. 超导输电技术

超导输电技术主要包括超导电缆的结构与输电方式、超导电气设备等内容，是一种未来电网的输电方式。超导输电可以降低电力在输电线路上的损耗，把电力几乎无损耗地输送给用户。据统计，目前的铜或铝导线输电，约有 15%的电能损耗在输电线路上，光是在中国，每年的电力损失即达 1000 多亿度。若改为超导输电，节省的电能相当于新建数十个大型发电厂。

3. 多端直流输电技术

多端直流输电（Multi–Terminal HVDC，MTDC）系统由 3 个或 3 个以上换流站以及连接换流站之间的高压直流输电线路组成，与交流系统有 3 个或 3 个以上的连接端口。多端直流输电系统可以解决多电源供电或多落点受电的输电问题，还可以联系多个交流系统或者将交流系统分成多个孤立运行的电网。根据接线方式的不同，MTDC 主要可分为有串联式多端直流输电系统、并联式多端直流输电系统和混合式多端直流系统。多端直流输电技术适用于多送单受（风电场）和单送多受（多个负荷中心）。以前风力发电的研究多局限于单极及其换流器系统，而随着风电场规模的不断扩大，往往需要数百台风电机组互联，这就迫切需要多端直流输电技术。利用多端直流输电技术，发电侧的各个换流器可独立控制相应的风力发电机组，获得最大的风能，提高风电场的风能利用率。各个换流器与直流母线相连，经过 1 个或数个逆变器向电网输送能量。这种并网方式优点在于：可以简化大型风电场结构，减少线路走廊施工环节，易于扩充新机组，减小风力的不确定性的影响等。

4. 三极直流输电技术

三极直流输电（Tripole HVDC）是指由 3 个直流极输电的新型直流输电技术，可以将已有的三相交流输电线路采用换流器组合拓扑改造而成，从而大大提高线路输电容量，有效利用宝贵的输电走廊。与传统的两极直流输电系统相比，三极直流输电系统成本低、可靠性高，过负荷能力强，融冰性能好。将交流线路转化为直流输电系统通常的做法是采用两极结构，另外一相交流线路作为接地线或故障备用线。在这种条件下，交流线路输送固有的输电能力只有 2/3 得到了充分应用。如果采用大地作为回路，那么交流系统的第三条将可以被改造为一个单极直流输电系统，这样输电能力就可以在双极能力的基础上提高到 1.5 倍。如果单极系统为电压和电流可翻转形式，就可以将两极系统调制为三极系统，从而实现无大地回流的三极直流输电系统。调制极交替返回第一极和第二极中的部分电流。

国外学者提出了三极直流输电技术的基本概念，并分析了其技术优越性，德国也开展了相关的试验研究。我国三极直流输电技术的研究处于起步阶段，还缺少试验研究和运行经验。

# 第五章

# 110～220kV 带电作业项目标准化操作流程

## 模块 1　等电位更换悬垂绝缘子串（紧线丝杠法）

### 一、概况

本作业项目采用紧线丝杠法等电位更换悬垂绝缘子串的作业方法，适用于导线荷载较大情况下提升导线，可减轻地面人员提升导线的作业劳动强度，适用于档距较大的110～220kV 带电更换悬垂绝缘子串的作业。采用该方法作业时，应提前了解绝缘子串及连接金具的长度，以便调节直线吊钩卡的位置。

### 二、人员组合

本作业项目工作人员共计 7 名。其中工作负责人（监护人）1 名、等电位电工 1 名，地电位电工 1 名，地面电工 4 名。

### 三、材料配备

材料配备见表 5–1。

**表 5–1　　材　料　配　备**

| 序号 | 名　称 | 规　格 | 单位 | 数量 | 备　注 |
|---|---|---|---|---|---|
| 1 | 绝缘子 | 与所需更换绝缘子一致 | 串 | 1 | |
| 2 | 毛巾 | | 块 | 2 | 清洁擦拭用 |

### 四、工器具配备

1. 绝缘工具（见表 5–2）

**表 5–2　　绝　缘　工　具**

| 序号 | 名　称 | 规格/编号 | 单位 | 数量 | 备　注 |
|---|---|---|---|---|---|
| 1 | 传递用绝缘绳 | $\phi$18 | 根 | 2 | |

续表

| 序号 | 名　称 | 规格/编号 | 单位 | 数量 | 备　注 |
|---|---|---|---|---|---|
| 2 | 绝缘紧线拉杆 | 220kV 直线塔专用 | 套 | 1 | |
| 3 | 火花间隙测零装置 | 220kV 线路专用 | 副 | 1 | |
| 4 | 导线保险绳（钩） | $\phi$20 高强 | 根 | 1 | |
| 5 | 绝缘平梯 | 3.3m | 副 | 1 | |
| 6 | 绝缘滑车 | 1T | 只 | 2 | |
| 7 | 吊瓶钩 | 0.5T | 只 | 2 | |
| 8 | 绝缘绳套 | $\phi$20mm | 只 | 1 | |

注　绝缘工具绝缘工器具的机械及电气强度均应满足安规要求，周期预防性及检查性试验合格。

2. 金属工具（见表 5–3）

**表 5–3　　金　属　工　具**

| 序号 | 名　称 | 规格/编号 | 单位 | 数量 | 备　注 |
|---|---|---|---|---|---|
| 1 | 直线吊钩卡 | 3T | 个 | 1 | |
| 2 | 紧线丝杠 | 3T | 根 | 1 | |

3. 个人防护用具（见表 5–4）

**表 5–4　　个 人 防 护 用 具**

| 序号 | 名　称 | 规格/编号 | 单位 | 数量 | 备　注 |
|---|---|---|---|---|---|
| 1 | 人体后备保护绝缘绳 | $\phi$16mm 高强 | 根 | 1 | 等电位电工用 |
| 2 | 全套屏蔽服（带阻燃内衣） | Ⅰ型 | 套 | 2 | 塔上电工用 |
| 3 | 导电鞋 | | 双 | 2 | 塔上电工用 |
| 4 | 安全带 | | 套 | 2 | 塔上电工用 |
| 5 | 防坠器 | | 只 | 2 | 塔上电工用 |
| 6 | 安全帽 | | 顶 | 7 | |

4. 辅助安全用具（见表 5–5）

**表 5–5　　辅 助 安 全 用 具**

| 序号 | 名　称 | 规格/编号 | 单位 | 数量 | 备　注 |
|---|---|---|---|---|---|
| 1 | 绝缘电阻检测仪 | 5000V | 块 | 1 | 电极宽 2cm，极间距 2cm |
| 2 | 万用表 | | 块 | 1 | 检测屏蔽服用 |
| 3 | 防潮苫布 | | 块 | 2 | |
| 4 | 工具袋 | | 只 | 3 | |
| 5 | 风速仪 | | 块 | 1 | |
| 6 | 温湿度表 | | 块 | 1 | |
| 7 | 对讲机 | | 对 | 1 | |

## 五、危险点分析及预控措施

危险点分析及预控措施见表5–6。

**表5–6　　　　危险点分析及预控措施**

<table>
<tr><th>序号</th><th>危　险　点</th><th colspan="3">控制及防范措施</th></tr>
<tr><td>1</td><td>误登杆塔</td><td colspan="3">登塔前必须仔细核对线路双重命名、杆塔号，确认无误后方可上塔</td></tr>
<tr><td>2</td><td>高空坠落</td><td colspan="3">登塔时应手抓牢固构件，并使用防坠装置；塔上作业应正确使用绝缘安全带</td></tr>
<tr><td>3</td><td>高空落物</td><td colspan="3">塔上人员应避免落物，地面人员不得在作业点正下方逗留，全体作业人员应正确佩戴安全帽</td></tr>
<tr><td rowspan="5">4</td><td rowspan="5">触电伤害</td><td>安全距离</td><td>110kV</td><td>220kV</td></tr>
<tr><td>塔上地电位人员与带电体、等电位人员与接地体之间要保持安全距离</td><td>1.0m</td><td>1.8m</td></tr>
<tr><td>进入等电位时，要保持的组合间隙距离</td><td>1.2m</td><td>2.1m</td></tr>
<tr><td>绝缘承力工具、绝缘绳索最小有效绝缘长度</td><td>1.0m</td><td>1.8m</td></tr>
<tr><td colspan="3">塔上人员必须穿戴全套合格屏蔽服和导电鞋</td></tr>
<tr><td>5</td><td>导线脱落</td><td colspan="3">更换过程中必须有防止导线脱落的后备保护措施，承力工器具严禁以小代大</td></tr>
</table>

## 六、作业步骤

（1）工作负责人向调度部门申请开工，内容为：本人为工作负责人×××，×年×月×日×时至×时在××kV××线路上带电更换悬垂绝缘子串作业，须停用线路重合闸装置，若遇线路跳闸，不经联系，不得强送。得到调度许可，核对线路双重命名和杆塔号。

（2）全体工作成员列队，工作负责人现场宣读工作票，交代工作任务、安全措施和技术措施；查（问）看工作人员精神状况、着装情况和工器具是否完好齐全。确认天气情况、危险点和预防措施，明确作业分工以及安全措施及注意事项。

（3）地面电工用兆欧表检测绝缘工具的绝缘电阻，检查金属工具、个人防护用具等是否完好齐全。

（4）等电位和塔上电工正确穿着屏蔽服、安全带、安全帽等个人防护用具，并检查确认屏蔽服各部分是否连接可靠、接触良好。

（5）塔上电工携带绝缘传递绳登塔至横担处，系挂好安全带，将绝缘传递绳在作业横担适当位置安装好。

（6）若是盘形瓷质绝缘子串，地面电工将瓷质绝缘子检测仪及绝缘操作杆组装好后用绝缘传递绳传递给塔上电工，塔上电工复测所需更换绝缘子串的零值绝缘子，当发现同串中零值绝缘子片数不符合带电作业工作要求时，应立即停止检测，并停止本次带电作业工作。

（7）塔上电工与地面电工相互配合，将绝缘软梯吊挂在横担头上适当位置，并在地面冲击试验软梯后控制固定好，同时挂好绝缘高强度防坠保护绳。

（8）等电位电工系好防坠保护绳，地面电工控制软梯尾部和防坠保护绳，等电位电工攀登软梯至导线下方 0.3m 处，向工作负责人申请进入等电位，得到工作负责人同意后，快速抓住导线进入等电位，塔上电工配合将等电位电工的长绝缘安全腰绳系挂在横担上后方可解开防坠保护绳，安全短腰绳应系在软梯上。

（9）塔上电工与地面电工相互配合，将紧线丝杠、绝缘紧线杆、横担卡具等传递至工作位置。

（10）塔上电工与等电位相互配合将端部卡具、紧线丝杠及绝缘紧线杆安装好并钩住导线。

（11）塔上电工收紧紧线丝杠，使悬垂绝缘子串松弛。等电位电工手抓绝缘紧线杆冲击检查无误并报经工作负责人同意后，拆除碗头处的锁紧销，将绝缘子串与碗头脱离。塔上电工松出紧线丝杠，适当下落导线。

（12）塔上电工将绝缘传递绳拴在盘形绝缘子串横担下方的第 2 和第 3 片之间（复合绝缘子相同位置），地面电工控制这一端的尾绳，另一地面电工在地面将传递绳的另一端拴在新的绝缘子串相同的位置。

（13）塔上电工拔除横担侧球头连接处的绝缘子锁紧销，地面电工收紧传递绳将更换绝缘子串提升，塔上电工摘开横担侧球头。

（14）地面两电工相互配合控制两侧绝缘传递绳，将旧绝缘子串放下，同时新绝缘子串传递至工作位置，传递过程中应注意控制好空中上、下两串绝缘子的位置，防止发生相互碰撞。

（15）塔上电工和地面电工相互配合，恢复新绝缘子串横担侧球头挂环的连接，并安好锁紧销。

（16）等电位电工和塔上电工相互配合，收紧调整紧线丝杠，提升导线并恢复绝缘子串导线侧的碗头挂板连接，并安好锁紧销。

（17）塔上电工平稳松开丝杠，使绝缘子串恢复完全受力状态，等电位电工和塔上电工检查并冲击新绝缘子串的安装受力情况。

（18）报经工作负责人同意后，塔上电工拆除紧线丝杠和绝缘紧线杆等传至地面。

（19）等电位电工系好高强度防坠落绳后，解开安全带腰带，沿软梯下退至人站直并手抓导线，向工作负责人申请脱离电位，许可后应快速脱离等电位，地面电工控制好防坠落保护绳，等电位电工解开安全短腰绳后沿绝缘软梯回落地面。

（20）塔上电工和地面电工相互配合，将绝缘软梯拆除并下传至地面。

（21）塔上电工检查确认塔上无遗留工具后，汇报工作负责人，得到同意后携带绝缘传递绳下塔。

（22）地面电工整理所用工器具和清理现场，工作负责人清点工器具。

（23）工作负责人向调度汇报，内容为：本人为工作负责人×××，220kV××线路带电更换直线悬垂绝缘子串工作已结束，塔上人员已撤离，杆塔、导线上无遗留物，线路设备已恢复，可恢复重合闸。

## 七、工艺质量要求

工艺质量要求见表5–7。

表5–7　　工艺质量要求

| 序号 | 作业工序和内容 | 工艺标准和安全要求 |
|---|---|---|
| 1 | 工器具、新绝缘子串外观检查、绝缘工具电阻检测。塔上电工互相检查全套屏蔽服外观、各部分之间连接情况及电阻测量 | 工具摆放在防潮苫布上，摆放整齐，外观检查全面、不漏检，用干燥、清洁的毛巾对绝缘工具进行清洁、对新绝缘子进行检查，用绝缘检测仪对绝缘工具进行绝缘电阻检测，确认绝缘电阻合格。作业人员不得裸手持或拿绝缘工具。塔上电工应穿戴全套屏蔽服、导电鞋及阻燃内衣，各部分之间连接可靠、电阻检测合格。并向工作负责人汇报清楚 |
| 2 | 登塔电工进行绝缘安全带、防坠器外观及冲击试验检查，杆塔外观、周围环境、防坠轨道及基础检查，核对线路双重命名、杆塔号 | 绝缘安全带、防坠器外观及冲击检查合格，杆塔外观、周围环境、防坠轨道完好，杆塔基础合格无裂缝，线路双重命名正确，并向工作负责人汇报清楚 |
| 3 | 塔上电工携带绝缘传递绳登塔至横担适宜处挂好 | 登塔前应获得工作负责人的许可，登塔时不得失去防坠器的保护，攀爬熟练，不打滑，绳索避免被绊住，人员重心稳定，两电工垂直间距不得小于1.6m，换位不能失去安全带的保护。绝缘传递绳固定的位置合适牢靠 |
| 4 | 若是瓷质绝缘子串时，地面电工将检测杆传至塔上，塔上电工对瓷质绝缘子从高压侧进行零值检测，告知工作负责人，并做好记录 | 当发现同一串中的零值绝缘子片数达到规定片数时，应立即停止检测，并停止工作；检测后如良好绝缘子少于9片，立即停止工作；保持绝缘操作杆有效绝缘长度不小于2.1m |
| 5 | 等电位电工穿好合格的屏蔽服登塔到达作业位置，地面电工将绝缘平梯传至杆塔上，等电位电工将其组装在合适位置 | 杆塔上电工保持人身与带电体最小安全距离1.8m；等电位电工与地面电工应密切配合把绝缘平梯挂在导线上；传递工器具绳扣应正确可靠，塔上人员防止高空落物 |
| 6 | 等电位电工挂好人身保护绳，沿绝缘平梯进入强电场并扣好安全带 | 等电位电工征得监护人同意后方可登上平梯，进入强电场前，应先挂好后备保险，征得监护人同意后方可进入强电场；转移电位时，人体裸露部位与带电体距离不小于0.3m；等电位电工进入带电体前，必须汇报并听从工作负责人的指挥；等电位电工对相邻导线距离不小于2.5m，对接地体不小于1.8m |
| 7 | 地面电工在地面组装好绝缘承力工具、导线后备保险钩吊至横担；塔上电工与等电位电工密切配合，安装好绝缘承力工具、导线后备保护绳 | 杆塔上作业人员保持人身与带电体或接地体最小安全距离1.8m；传递工器具绳扣应正确可靠，塔上人员应防止高空落物；杆塔上、下作业人员应密切配合；安装绝缘承力工具要防止静电感应；杆塔上作业时，不得失去安全带的保护；在杆塔上转移中，严禁双手持带任何工具物品等 |
| 8 | 塔上电工收紧丝杠，使绝缘子串松弛，等电位电工拔掉导线端碗头处弹簧销，脱开绝缘子与碗头的连接；塔上电工用传递绳绑好绝缘子，拔出横担端球头处弹簧销，与地面作业人员配合放下绝缘子串，相反程序安装新绝缘子串 | 绝缘子串在脱离导线前，必须仔细检查丝杠、紧线拉杆等受力部件是否正常良好，导线后备保险钩是否挂好，检查认为无问题后经负责人同意方可脱离；塔上电工始终保持人体与带电体最小安全距离1.8m；保持绝缘承力工具、绝缘绳索的最小有效绝缘长度1.8m；保持绝缘操作杆的最小有效绝缘长度2.1m；塔上电工不得接触横担侧绝缘子串第二片以下，等电位电工不得接触导线侧绝缘子串第二片的铁帽，并不得同时接触绝缘子；绝缘子应保持清洁，绑扎可靠，传递时避免损伤绝缘子 |

续表

| 序号 | 作业工序和内容 | 工艺标准和安全要求 |
|---|---|---|
| 9 | 等电位电工检查绝缘子串连接状况，拆除导线侧导线保护绳 | 检查绝缘子串 W 销或 R 销是否齐全。在杆塔上作业时，不得失去安全带的保护。在杆塔上转移中，严禁双手持带任何工具物品等 |
| 10 | 等电位电工沿绝缘平梯退出强电场，与地面电工配合拆下平梯，传至地面。返回地面 | 等电位电工征得监护人同意后方可沿平梯退出强电场；转移电位时，人体裸露部位与带电体距离不小于 0.3m；等电位电工退出带电体前，必须汇报并听从工作负责人的指挥；等电位电工对相邻导线距离不小于 2.5m，对接地体不小于 1.8m |
| 11 | 塔上电工拆除工器具，检查杆塔上无遗留物；下塔返回地面；工作负责人严格监护 | 拆除工器具与地面电工配合传至地面，确认杆塔上无遗留物；征得工作负责人同意后下塔，下塔时不得抓脚钉，杆塔有防坠装置的，应使用防坠装置，下塔过程中，双手不得持带任何工具物品等；监护人专责监护 |
| 12 | 清理地面工作现场；工作负责人全面检查工作完成情况，确认无误后签字撤离现场；工作负责人向调度汇报，履行工作终结手续 | 确认工器具均已收齐，工作现场做到“工完、料净、场地清”；及时向调度（工作许可人）汇报，恢复重合闸 |

## 模块 2　等电位更换悬垂绝缘子串（滑车组法）

### 一、概况

本作业项目采用滑车组法地电位更换悬垂绝缘子串的作业方法，该方法利用滑车组提升导线，提升或下落导线过程中地面人员作业劳动强度较大，所能提升的导线荷载相对较小，适用于档距较小的 110～220kV 带电更换悬垂绝缘子串的作业。

### 二、人员组合

本作业项目工作人员共计 7 名。其中工作负责人（监护人）1 名、塔上电工 2 名，地面电工 4 名。

### 三、材料配备

材料配备见表 5–8。

**表 5–8　　材　料　配　备**

| 序号 | 名　称 | 规　格 | 单位 | 数量 | 备　注 |
|---|---|---|---|---|---|
| 1 | 绝缘子 | 相应规格 | 串 | 1 | |
| 2 | 毛巾 | | 块 | 2 | 清洁擦拭用 |

## 四、工器具配备

1. 绝缘工具（见表 5–9）

**表 5–9　　绝　缘　工　具**

| 序号 | 名　称 | 规格/编号 | 单位 | 数量 | 备　注 |
|---|---|---|---|---|---|
| 1 | 绝缘传递绳 | $\phi$12 | 根 | 1 | |
| 2 | 绝缘滑车组 | 3t | 套 | 1 | 配相应规格绝缘绳索 |
| 3 | 绝缘操作杆 | 3m | 根 | 1 | |
| 4 | 导线保险绳（钩） | $\phi$20 高强 | 根 | 1 | |
| 5 | 绝缘绳套 | $\phi$20mm | 只 | 2 | |

注　绝缘工具绝缘工器具的机械及电气强度均应满足安规要求，周期预防性及检查性试验合格。

2. 金属工具（见表 5–10）

**表 5–10　　金　属　工　具**

| 序号 | 名　称 | 规格/编号 | 单位 | 数量 | 备　注 |
|---|---|---|---|---|---|
| 1 | 提线器 | 2t | 套 | 1 | 分裂导线适用 |
| 2 | 取销器 | | 套 | 1 | |
| 3 | 瓷质绝缘子检测装置 | | 套 | 1 | 瓷质绝缘子用 |
| 4 | 碗头扶正器 | | 套 | 1 | |

3. 个人防护用具（见表 5–11）

**表 5–11　　个 人 防 护 用 具**

| 序号 | 名　称 | 规格/编号 | 单位 | 数量 | 备　注 |
|---|---|---|---|---|---|
| 1 | 导电鞋 | | 双 | 2 | 塔上电工用 |
| 2 | 安全带 | | 套 | 2 | 塔上电工用 |
| 3 | 防坠器 | | 只 | 2 | 塔上电工用 |
| 4 | 安全帽 | | 顶 | 7 | |

4. 辅助安全用具（见表 5–12）

**表 5–12　　辅 助 安 全 用 具**

| 序号 | 名　称 | 规格/编号 | 单位 | 数量 | 备　注 |
|---|---|---|---|---|---|
| 1 | 绝缘子电阻检测仪 | 5000V | 块 | 1 | 电极宽 2cm，极间距 2cm |
| 2 | 万用表 | | 块 | 1 | 检测屏蔽服用 |
| 3 | 防潮苫布 | | 块 | 1 | |

续表

| 序号 | 名　称 | 规格/编号 | 单位 | 数量 | 备　注 |
|---|---|---|---|---|---|
| 4 | 工具袋 | | 只 | 3 | |
| 5 | 风速风向仪 | | 块 | 1 | |
| 6 | 温湿度表 | | 块 | 1 | |
| 7 | 对讲机 | | 对 | 1 | |

## 五、危险点分析及预控措施

危险点分析及预控措施见表 5–13。

**表 5–13　　危险点分析及预控措施**

<table>
<tr><th>序号</th><th>危　险　点</th><th colspan="3">控制及防范措施</th></tr>
<tr><td>1</td><td>误登杆塔</td><td colspan="3">登塔前必须仔细核对线路双重命名、杆塔号，确认无误后方可上塔</td></tr>
<tr><td>2</td><td>高空坠落</td><td colspan="3">登塔时应手抓牢固构件，并使用防坠装置；塔上作业应正确使用绝缘安全带</td></tr>
<tr><td>3</td><td>高空落物</td><td colspan="3">塔上人员应避免落物，地面人员不得在作业点正下方逗留，全体作业人员应正确佩戴安全帽</td></tr>
<tr><td rowspan="5">4</td><td rowspan="5">触电伤害</td><td>安全距离</td><td>110kV</td><td>220kV</td></tr>
<tr><td>塔上地电位人员与带电体、等电位人员与接地体之间要保持安全距离</td><td>1.0m</td><td>1.8m</td></tr>
<tr><td>进入等电位时，要保持的组合间隙距离</td><td>1.2m</td><td>2.1m</td></tr>
<tr><td>绝缘承力工具、绝缘绳索最小有效绝缘长度</td><td>1.0m</td><td>1.8m</td></tr>
<tr><td colspan="3">塔上人员必须穿戴全套合格屏蔽服和导电鞋</td></tr>
<tr><td>5</td><td>导线脱落</td><td colspan="3">更换过程中必须有防止导线脱落的后备保护措施，承力工器具严禁以小代大</td></tr>
</table>

## 六、作业步骤

（1）工作负责人向调度部门申请开工，内容为：本人为工作负责人×××，×年×月×日×时至×时在××kV××线路上带电更换悬垂绝缘子串作业，本次作业须停用线路重合闸装置，若遇线路跳闸，不经联系，不得强送。得到调度许可，核对线路双重命名和杆塔号。

（2）全体工作成员列队，工作负责人现场宣读工作票、交代工作任务、安全措施和技术措施；查（问）看作业人员的精神状况、着装情况和工器具是否完好齐全。确认天气情况、危险点和预防措施，明确作业分工以及安全措施及注意事项。

（3）地面电工采用绝缘电阻表检测绝缘工具的绝缘电阻，检查金属工具、个人防护用具等工具是否完好齐全。

（4）塔上 1 号电工携带绝缘传递绳登塔至横担处，系挂好安全带，将绝缘传递绳在作业横担适当位置安装好。塔上 2 号电工随后登塔。

（5）若是盘形瓷质绝缘子串，地面电工把瓷质绝缘子检测仪及绝缘操作杆组装好后用绝缘传递绳传递给塔上 2 号电工，塔上 2 号电工对瓷质绝缘子从高压侧进行零值检测。

（6）塔上电工与地面电工相互配合，将绝缘滑车组、横担固定器、导线保护绝缘绳传递至工作位置。

（7）塔上 2 号电工在导线水平位置，系挂好安全带，地面电工与塔上 1 号电工相互配合安装好绝缘滑车组和导线后备保护绳，导线后备保护绳的保护裕度（长度）应控制合理。

（8）塔上 2 号电工用操作杆取出导线侧碗头锁紧销后，在工作负责人的指挥下，地面电工配合收紧绝缘滑车组提升导线，塔上 2 号电工用操作杆脱开绝缘子串与碗头的连接。

（9）地面电工配合松出绝缘滑车组将导线下落约 300mm，塔上 1 号电工在横担侧第 2 片绝缘子处系好绝缘传递绳，并取出横担侧绝缘子锁紧销。

（10）塔上 1 号电工与地面电工相互配合操作绝缘传递绳，将旧的绝缘子串摘开传递放下，同时新绝缘子串跟随至工作位置，注意控制好空中上、下两串绝缘子串的位置，防止发生相互碰撞。

（11）塔上 1 号电工安装好新绝缘子横担侧锁紧销，地面电工提升导线配合塔上 2 号电工用操作杆安装好导线侧球头与碗头并恢复锁紧销。

（12）塔上电工检查绝缘子串锁紧销连接情况，确保连接可靠。

（13）报经工作负责人同意后，塔上电工拆除绝缘滑车组及导线后备保护绳，依次传递至地面。

（14）塔上电工检查塔上无遗留工具后，汇报工作负责人，得到同意后携带绝缘传递绳下塔。

（15）地面电工整理所有工器具和清理现场，工作负责人清点工器具。

（16）工作负责人向调度汇报。内容为：本人为工作负责人×××，××kV×× 线路带电更换悬垂绝缘子串工作已结束，杆塔上人员已撤离，杆塔、导线上无遗留物，线路设备已恢复，可恢复重合闸。

## 七、工艺质量要求

工艺质量要求见表 5–14。

表 5-14　　　　工 艺 质 量 要 求

| 序号 | 作业工序和内容 | 工艺标准和安全要求 |
|---|---|---|
| 1 | 工器具、新绝缘子串外观检查、绝缘工具电阻检测 | 工具摆放在防潮苫布上，摆放整齐，外观检查全面、不漏检，用干燥、清洁的毛巾对绝缘工具进行清洁、对新绝缘子进行检查，用绝缘检测仪对绝缘工具进行绝缘电阻检测，确认绝缘电阻合格。作业人员不得裸手持或拿绝缘工具 |
| 2 | 登塔电工进行绝缘安全带、防坠器外观及冲击试验检查，杆塔外观、周围环境、防坠轨道及基础检查，核对线路双重命名、杆塔号 | 绝缘安全带、防坠器外观及冲击检查合格，杆塔外观、周围环境、防坠轨道完好，杆塔基础合格无裂缝，线路双重命名正确，并向工作负责人汇报清楚 |
| 3 | 塔上 1 号电工携带绝缘传递绳登塔至横担适宜处挂好 | 登塔前应获得工作负责人的许可，登塔时不得失去防坠器的保护，攀爬熟练，不打滑，绳索避免被绊住，人员重心稳定，两电工垂直间距不得小于 1.6m，换位不能失去安全带的保护。绝缘传递绳固定的位置合适牢靠 |
| 4 | 若是瓷质绝缘子串时，地面电工将检测杆传至塔上，塔上 2 号电工对瓷质绝缘子从高压侧进行零值检测，告知工作负责人，并做好记录 | 当发现同一串中的零值绝缘子片数达到规定片数时，应立即停止检测，并停止工作；检测后如良好绝缘子少于 9 片，立即停止工作；保持绝缘操作杆有效绝缘长度不小于 2.1m |
| 5 | 塔上电工与地面电工相互配合，将绝缘滑车组、导线保护绝缘绳传递至工作位置并组装好 | 杆塔上电工保持人身与带电体最小安全距离 1.8m；传递工器具绳扣应正确可靠，塔上人员防止高空落物 |
| 6 | 塔上 2 号电工用操作杆取出导线侧碗头锁紧销后，在工作负责人的指挥下，地面电工配合收紧绝缘滑车组提升导线，塔上 2 号电工用操作杆脱开绝缘子串与碗头的连接 | 在收紧绝缘滑车组提升导线过程中，应检查滑车组受力是否良好，导线后备保险钩是否挂好；使用操作杆取销时，应保持绝缘操作杆有效绝缘长度不小于 2.1m |
| 7 | 地面电工配合松出绝缘滑车组将导线下落约 300mm，塔上 1 号电工在横担侧第 2 片绝缘子处系好绝缘传递绳，并取出横担侧绝缘子锁紧销 | 地电位电工始终保持人体与带电体最小安全距离 1.8m；保持绝缘承力工具、绝缘绳索的最小有效绝缘长度 1.8m；横担侧电工不得接触横担侧绝缘子串第二片以下，等电位电工不得接触导线侧绝缘子串第二片的铁帽，并不得同时接触绝缘子；绝缘子应保持清洁，绑扎可靠，传递时避免损伤绝缘子 |
| 8 | 塔上 1 号电工与地面电工相互配合操作绝缘传递绳，将旧的绝缘子串摘开传递放下，同时新绝缘子串跟随至工作位置 | 注意控制好空中上、下两串绝缘子串的位置，防止发生相互碰撞 |
| 9 | 塔上 1 号电工安装好新绝缘子横担侧锁紧销，地面电工提升导线配合塔上 2 号电工用操作杆安装好导线侧球头与碗头并恢复锁紧销 | 检查绝缘子串 W 销或 R 销是否齐全。在杆塔上作业时，不得失去安全带的保护。在杆塔上转移中，严禁双手持带任何工具物品等 |
| 10 | 地电位电工拆除工器具，检查杆塔上无遗留物；下塔返回地面；工作负责人严格监护 | 拆除工器具与地面电工配合传至地面，确认杆塔上无遗留物；征得工作负责人同意后下塔，下塔时不得抓脚钉，杆塔有防坠装置的，应使用防坠装置，下塔过程中，双手不得持带任何工具物品等；监护人专责监护 |
| 11 | 清理地面工作现场；工作负责人全面检查工作完成情况，确认无误后签字撤离现场；工作负责人向调度（工作联系人）汇报，履行工作终结手续 | 确认工器具均已收齐，工作现场做到“工完、料净、场地清”；及时向调度（工作许可人）汇报，恢复重合闸 |

# 模块 3　等电位更换双串耐张任意整串绝缘子

## 一、概况

该作业项目是采用大刀卡具进行等电位更换双串耐张任意整串绝缘子的作业方法，适用于带电更换 110～220kV 耐张双串绝缘子中任意整串绝缘子的作业。电压等级的同类作业可参照此方法。

## 二、人员组合

本作业项目工作人员共计 7 名。其中工作负责人（监护人）1 名、塔上电工 1 名，等电位工 1 名，地面电工 2 名。

## 三、材料配备

材料配备见表 5–15。

**表 5–15　　材　料　配　备**

| 序号 | 名　称 | 规　格 | 单位 | 数量 | 备　注 |
|---|---|---|---|---|---|
| 1 | 绝缘子 | 与所需更换绝缘子一致 | 串 | 1 | |
| 2 | 毛巾 | | 块 | 2 | |

## 四、工器具配备

1. 绝缘工具（见表 5–16）

**表 5–16　　绝　缘　工　具**

| 序号 | 名　称 | 规格/编号 | 单位 | 数量 | 备　注 |
|---|---|---|---|---|---|
| 1 | 绝缘传递绳 | $\phi$18mm | 根 | 2 | |
| 2 | 绝缘绳套 | $\phi$20mm | 只 | 1 | |
| 3 | 绝缘滑车组 | 3t | 套 | 2 | |
| 4 | 绝缘软梯 | 220kV | 只 | 1 | |
| 5 | 绝缘操作杆 | 220kV | 根 | 1 | |
| 6 | 绝缘小绳 | | 根 | 1 | 挂绝缘软梯用 |
| 7 | 绝缘托瓶架 | | 副 | 1 | |
| 8 | 绝缘拉板 | | 副 | 1 | |

注　绝缘工具绝缘工器具的机械及电气强度均应满足安规要求，周期预防性及检查性试验合格。

2. 金属工具（见表 5–17）

**表 5–17　　金　属　工　具**

| 序号 | 名　称 | 规格/编号 | 单位 | 数量 | 备　注 |
|---|---|---|---|---|---|
| 1 | 紧线丝杠 | | 套 | 1 | |
| 2 | 瓷质绝缘子检测装置 | | 套 | 1 | 瓷质绝缘子用 |
| 3 | 大刀卡具 | | 套 | 1 | |
| 4 | 跟斗滑车 | | 套 | 2 | 传递软梯用 |

3. 个人防护用具（见表 5–18）

**表 5–18　　个 人 防 护 用 具**

| 序号 | 名　称 | 规格/编号 | 单位 | 数量 | 备　注 |
|---|---|---|---|---|---|
| 1 | 导电鞋 | | 双 | 2 | 塔上电工用 |
| 2 | 安全带 | | 套 | 2 | 塔上电工用 |
| 3 | 防坠器 | | 只 | 2 | 塔上电工用 |
| 4 | 安全帽 | | 顶 | 7 | |
| 5 | 全套屏蔽服 | | 套 | 1 | 等电位工用 |

4. 辅助安全用具（见表 5–19）

**表 5–19　　辅 助 安 全 用 具**

| 序号 | 名　称 | 规格/编号 | 单位 | 数量 | 备　注 |
|---|---|---|---|---|---|
| 1 | 绝缘电阻检测仪 | 5000V | 块 | 1 | 电极宽 2cm，极间距 2cm |
| 2 | 万用表 | | 块 | 1 | 检测屏蔽服用 |
| 3 | 防潮苫布 | 10.5m×4.2m、3.5m×3.5m | 块 | 各 1 | |
| 4 | 工具袋 | | 只 | 3 | |
| 5 | 风速风向仪 | | 块 | 1 | |
| 6 | 温湿度表 | | 块 | 1 | |
| 7 | 对讲机 | | 对 | 1 | |

## 五、危险点分析及预控措施

危险点分析及预控措施见表 5–20。

**表 5–20　　危险点分析及预控措施**

| 序号 | 危　险　点 | 控制及防范措施 |
|---|---|---|
| 1 | 误登杆塔 | 登塔前必须仔细核对线路双重命名、杆塔号，确认无误后方可上塔 |

续表

<table>
<tr><th>序号</th><th>危 险 点</th><th colspan="3">控制及防范措施</th></tr>
<tr><td>2</td><td>高空坠落</td><td colspan="3">登塔时应手抓牢固构件，并使用防坠装置；塔上作业应正确使用绝缘安全带</td></tr>
<tr><td>3</td><td>高空落物</td><td colspan="3">塔上人员应避免落物，地面人员不得在作业点正下方逗留，全体作业人员应正确佩戴安全帽</td></tr>
<tr><td rowspan="5">4</td><td rowspan="5">触电伤害</td><td>安全距离</td><td>110kV</td><td>220kV</td></tr>
<tr><td>塔上地电位人员与带电体、等电位人员与接地体之间要保持安全距离</td><td>1.0m</td><td>1.8m</td></tr>
<tr><td>进入等电位时，要保持的组合间隙距离</td><td>1.2m</td><td>2.1m</td></tr>
<tr><td>绝缘承力工具、绝缘绳索最小有效绝缘长度</td><td>1.0m</td><td>1.8m</td></tr>
<tr><td colspan="3">塔上人员必须穿戴全套合格屏蔽服和导电鞋</td></tr>
<tr><td>5</td><td>导线脱落</td><td colspan="3">更换过程中必须有防止导线脱落的后备保护措施，承力工器具严禁以小代大</td></tr>
</table>

## 六、作业步骤

（1）工作负责人向调度部门申请开工，内容为：本人为工作负责人×××，×年×月×日×时至×时在××kV××线路上带电更换耐张整串绝缘子作业，须停用线路重合闸装置，若遇线路跳闸，不经联系，不得强送。得到调度许可，核对线路双重命名和杆塔号。

（2）全体工作成员列队，工作负责人现场宣读工作票，交代工作任务、安全措施和技术措施；查（问）看工作人员精神状况、着装情况和工器具是否完好齐全。确认天气情况、危险点和预防措施，明确作业分工以及安全措施及注意事项。

（3）地面电工采用绝缘电阻表检测绝缘工具的绝缘电阻，检查金属工具、个人防护用具等工具是否完好齐全。

（4）等电位和塔上电工正确穿着个人防护用具，并检查各部位是否连接良好。

（5）塔上电工携带传递绳上塔至横担处，系挂好安全带，将绝缘滑车及绝缘传递绳悬挂在适当位置。

（6）若是盘形瓷质绝缘子时，地面电工将瓷质绝缘子检测仪及绝缘操作杆组装好后传递给塔上电工，塔上电工检测复核所要更换绝缘子串的零值绝缘子，当发现同串中零值绝缘子片数不符合带电作业工作要求时，应立即停止检测，并结束本次带电作业工作。

（7）地面电工用绝缘操作杆将跟头滑车绝缘传递绳挂在导线上，随后地面电工将绝缘软梯提升挂在导线上。

（8）地面电工控制软梯尾部，等电位电工系好防坠后备保护绳后攀登软梯至导线下方 0.3m 处，向工作负责人申请进入电场，得到工作负责人同意后，快速抓住进入带电体，登上导线后先系挂好安全带，再解开防坠保护绳，挂好绝缘传递绳。

（9）塔上电工、等电位电工相互配合将紧线丝杠、绝缘拉杆，托瓶架安装好。

（10）等电位电工扶正绝缘拉杆并与塔上电工相配合将收紧紧线丝杠。将导线荷重转移到绝缘拉杆上，经试冲击检查安全和工作负责人同意后，等电位电工取出紧锁销、摘开与导线碗头连接与地面电工配合将瓷瓶串放至直线串状态。

（11）塔上电工装好吊瓶钩，地面电工装好新绝缘子串吊瓶钩并拉紧传递绳，塔上电工摘开与横但连接球头。地面电工相互配合传递上新、传递下旧绝缘子串。

（12）塔上电工安装好横担侧连接和锁紧销，等电位电工与地面电工配合提升托瓶架至导线联板处，等电位电工连接好后装上锁紧销，检查无误后报告工作负责人。塔上电工得到负责人同意后，松放紧线丝杠，拆绝缘拉杆、托瓶架及紧线丝杠由地面电工传至地面。

（13）等电位电工系好防坠后备保护绳后，解开安全带腰带，沿软梯下退至人站直并手抓导线，向工作负责人申请脱离电位，许可后快速脱离电位并下软梯回落地面。塔上电工与地面电工配合拆除绝缘软梯传至地面。塔上电工用操作杆取回软梯升降绳，传至地面。

（14）塔上电工检查确认塔上无遗留工具后，报经工作负责人同意后，携带绝缘传递绳下塔。

（15）地面电工整理所有工器具和清理现场，工作负责人清点工器具。

（16）工作负责人向调度汇报。内容为：本人为工作负责人×××，××kV ××线路带电更换耐张整串绝缘子工作已结束，杆塔上人员已撤离，杆塔、导线上无遗留物，线路设备已恢复，可恢复重合闸。

## 七、工艺质量要求

工艺质量要求见表 5–21。

**表 5–21　　工艺质量要求**

| 序号 | 作业工序和内容 | 工艺标准和安全要求 |
|---|---|---|
| 1 | 工器具、新绝缘子串外观检查、绝缘工具电阻检测 | 工具摆放在防潮苫布上，摆放整齐，外观检查全面、不漏检，用干燥、清洁的毛巾对绝缘工具进行清洁、对新绝缘子进行检查，用绝缘检测仪对绝缘工具进行绝缘电阻检测，确认绝缘电阻合格。作业人员不得裸手持或拿绝缘工具 |
| 2 | 登塔电工进行绝缘安全带、防坠器外观及冲击试验检查，杆塔外观、周围环境、防坠轨道及基础检查，核对线路双重命名、杆塔号 | 绝缘安全带、防坠器外观及冲击检查合格，杆塔外观、周围环境、防坠轨道完好，杆塔基础合格无裂缝，线路双重命名正确，并向工作负责人汇报清楚 |
| 3 | 塔上电工带传递绳登塔至横担合适位置，系好安全带，将绝缘滑车及绝缘传递绳悬挂在适当位置 | 登塔前应获得工作负责人的许可，登塔时不得失去防坠器的保护，攀爬熟练，不打滑，绳索避免被绊住，人员重心稳定，换位不能失去安全带的保护。绝缘传递绳固定的位置合适牢靠 |
| 4 | 若是瓷质绝缘子串时，地面电工将检测杆传至塔上，塔上电工对瓷质绝缘子从高压侧进行零值检测，告知工作负责人，并做好记录 | 当发现同一串中的零值绝缘子片数达到规定片数时，应立即停止检测，并停止工作；检测后如良好绝缘子少于 9 片，立即停止工作；保持绝缘操作杆有效绝缘长度不小于 2.1m |

续表

| 序号 | 作业工序和内容 | 工艺标准和安全要求 |
|---|---|---|
| 5 | 塔上电工持操作杆挂设软梯跟头滑车，配合地面电工悬挂软梯，并试冲击软梯及后备保护绳（也作起吊绳） | 塔上电工持绝缘操作杆有效绝缘长度大于2.1m。地面电工提升挂设绝缘软梯并试冲击软梯挂设牢靠 |
| 6 | 等电位电工系好防坠后备保护绳，检查扣环得到工作负责人同意后，携带托瓶架绳登软梯进入电场，系好安全带，挂好托瓶架绳 | 防坠保护绳地面控制方式合理，等电位电工电位转移前与带电体的距离应大于0.3m，经许可后进入电场，登上导线后先系好安全带 |
| 7 | 地面电工将绝缘紧线杆、大刀卡、丝杠、绝缘托瓶架用绝缘传递绳传至等电位电工和塔上电工处 | 地面传递上紧线更换工具绑扎绳扣应正确可靠 |
| 8 | 塔上电工、等电位电工相互配合将紧线丝杠、绝缘拉杆，托瓶架安装好 | （1）丝杠绝缘拉板长度适宜，托瓶架与绝缘子串基本托平<br>（2）等电位电工、塔上电工身体不得超过第二片绝缘子，不得同时接触绝缘子 |
| 9 | 等电位电工扶正绝缘拉杆并与塔上电工相配合将收紧紧线丝杠。<br>将导线荷重转移到绝缘拉杆上，经试冲击检查安全和工作负责人同意后，等电位电工取出紧锁销、摘开与导线碗头连接与地面电工配合将瓷瓶串放至直线串状态 | （1）收紧绝缘拉杆丝杠应尽量保持受力均匀和摇转幅度小<br>（2）等电位电工试冲击后方可摘开绝缘子串连接<br>（3）松放绝缘子串与托瓶架时应均匀平稳操作<br>（4）塔上电工防止高空落物 |
| 10 | 塔上电工装好吊瓶钩，地面电工装好新绝缘子串吊瓶钩并拉紧传递绳，塔上电工摘开与横担连接球头。地面电工相互配合传递上新、传递下旧绝缘子串 | （1）传递绝缘子串时防止与耐张跳线钩住<br>（2）新、旧绝缘子串传递防止碰撞和地面电工防止摔跌<br>（3）地面电工严禁在横担挂点正下方提升传递新、旧绝缘子串 |
| 11 | 塔上电工安装好横担侧连接和锁紧销，等电位电工与地面电工配合提升托瓶架至导线联板处，等电位电工连接好后装上锁紧销，检查无误后报告工作负责人。塔上电工得到负责人同意后，松放紧线丝杠，拆绝缘拉杆、托瓶架及紧线丝杠由地面电工传至地面。等电位电工在地面电工配合下退出电场下至地面。并拆除绝缘软梯传至地面。塔上电工用操作杆取回软梯升降绳，传至地面 | （1）等电位电工、塔上电工检查绝缘子串与导线连接是否连接可靠，锁紧销是否安装到位<br>（2）等电位电工、塔上电工配合拆除卡具托瓶架时保持与带电体1.8m安全距离<br>（3）等电位电工系好防坠保护绳后才能解开安全带，经负责人同意退出电场下至地面 |
| 12 | 塔上电工拆除工器具，检查杆塔上无遗留物；下塔返回地面；工作负责人严格监护 | 拆除工器具与地面电工配合传至地面，确认杆塔上无遗留物；征得工作负责人同意后下塔，下塔时不得抓脚钉，杆塔有防坠装置的，应使用防坠装置，下塔过程中，双手不得持带任何工具物品等；监护人专责监护 |
| 13 | 清理地面工作现场；工作负责人全面检查工作完成情况，确认无误后签字撤离现场；工作负责人向调度（工作联系人）汇报，履行工作终结手续 | 确认工器具均已收齐，工作现场做到“工完、料净、场地清”；及时向调度（工作许可人）汇报，恢复重合闸 |

## 模块4 地电位更换双串耐张任意整串绝缘子

### 一、概况

本作业项目采用丝杠法地电位更换双串耐张任意整串绝缘子的作业方法，适用于110～220kV带电更换双串耐张任意整串绝缘子的作业。

## 二、人员组合

本作业项目工作人员共计 7 名。其中工作负责人（监护人）1 名、塔上电工 2 名，地面电工 4 名。

## 三、材料配备

材料配备见表 5–22。

**表 5–22　　　　材　料　配　备**

| 序号 | 名　称 | 规　格 | 单位 | 数量 | 备　注 |
|---|---|---|---|---|---|
| 1 | 绝缘子 | 与所需更换绝缘子一致 | 串 | 1 | |
| 2 | 毛巾 | | 块 | 2 | |

## 四、工器具配备

1. 绝缘工具（见表 5–23）

**表 5–23　　　　绝　缘　工　具**

| 序号 | 名　称 | 规格/编号 | 单位 | 数量 | 备　注 |
|---|---|---|---|---|---|
| 1 | 绝缘传递绳 | $\phi$18mm | 根 | 2 | |
| 2 | 绝缘绳套 | $\phi$20mm | 只 | 1 | |
| 3 | 绝缘滑车组 | 3t | 套 | 1 | |
| 4 | 绝缘操作杆 | | 根 | 1 | 视线路电压等级定 |
| 5 | 绝缘测零杆 | | 根 | 1 | 视线路电压等级定 |
| 6 | 绝缘拉板 | | 副 | 1 | |
| 7 | 绝缘托瓶架 | | 副 | 1 | |

注　绝缘工具绝缘工器具的机械及电气强度均应满足安规要求，周期预防性及检查性试验合格。

2. 金属工具（见表 5–24）

**表 5–24　　　　金　属　工　具**

| 序号 | 名　称 | 规格/编号 | 单位 | 数量 | 备　注 |
|---|---|---|---|---|---|
| 1 | 紧线丝杠 | | 套 | 1 | |
| 2 | 取销器 | | 套 | 1 | |
| 3 | 瓷质绝缘子检测装置 | | 套 | 1 | 瓷质绝缘子用 |
| 4 | 卡具 | | 套 | 1 | |

3. 个人防护用具（见表 5–25）

**表 5–25　　个人防护用具**

| 序号 | 名　称 | 规格/编号 | 单位 | 数量 | 备　注 |
| --- | --- | --- | --- | --- | --- |
| 1 | 导电鞋 | | 双 | 2 | 塔上电工用 |
| 2 | 安全带 | | 套 | 2 | 塔上电工用 |
| 3 | 防坠器 | | 只 | 2 | 塔上电工用 |
| 4 | 安全帽 | | 顶 | 7 | |

4. 辅助安全用具（见表 5–26）

**表 5–26　　辅助安全用具**

| 序号 | 名　称 | 规格/编号 | 单位 | 数量 | 备　注 |
| --- | --- | --- | --- | --- | --- |
| 1 | 绝缘电阻检测仪 | 5000V | 块 | 1 | 电极宽 2cm，极间距 2cm |
| 2 | 万用表 | | 块 | 1 | 检测屏蔽服用 |
| 3 | 防潮苫布 | | 块 | 1 | |
| 4 | 工具袋 | | 只 | 3 | |
| 5 | 风速风向仪 | | 块 | 1 | |
| 6 | 温湿度表 | | 块 | 1 | |
| 7 | 对讲机 | | 对 | 1 | |

## 五、危险点分析及预控措施

危险点分析及预控措施见表 5–27。

**表 5–27　　危险点分析及预控措施**

<table>
<tr><th>序号</th><th>危 险 点</th><th colspan="3">控制及防范措施</th></tr>
<tr><td>1</td><td>误登杆塔</td><td colspan="3">登塔前必须仔细核对线路双重命名、杆塔号，确认无误后方可上塔</td></tr>
<tr><td>2</td><td>高空坠落</td><td colspan="3">登塔时应手抓牢固构件，并使用防坠装置；塔上作业应正确使用绝缘安全带</td></tr>
<tr><td>3</td><td>高空落物</td><td colspan="3">塔上人员应避免落物，地面人员不得在作业点正下方逗留，全体作业人员应正确佩戴安全帽</td></tr>
<tr><td rowspan="4">4</td><td rowspan="4">触电伤害</td><td>安全距离</td><td>110kV</td><td>220kV</td></tr>
<tr><td>塔上地电位人员与带电体、等电位人员与接地体之间要保持安全距离</td><td>1.0m</td><td>1.8m</td></tr>
<tr><td>进入等电位时，要保持的组合间隙距离</td><td>1.2m</td><td>2.1m</td></tr>
<tr><td>绝缘承力工具、绝缘绳索最小有效绝缘长度</td><td>1.0m</td><td>1.8m</td></tr>
</table>

续表

| 序号 | 危 险 点 | 控制及防范措施 |
| --- | --- | --- |
| 4 | 触电伤害 | 塔上人员必须穿戴全套合格屏蔽服和导电鞋 |
| 5 | 导线脱落 | 更换过程中必须有防止导线脱落的后备保护措施，承力工器具严禁以小代大 |

## 六、作业步骤

（1）工作负责人向调度部门申请开工。内容为：本人为工作负责人×××，×年×月×日×时至×时在××kV××线路上带电更换耐张整串绝缘子，须停用线路重合闸装置，若遇线路跳闸，不经联系，不得强送。得到调度许可后，核对线路双重命名和杆塔号。

（2）全体工作成员列队，工作负责人现场宣读工作票、交代工作任务、安全措施和技术措施；查（问）看作业人员精神状况、着装情况和工器具是否完好齐全。确认天气情况、危险点和预防措施，明确作业分工以及安全注意事项。

（3）地面电工采用绝缘电阻表检测绝缘工具的绝缘电阻，检查金属工具、个人防护用具等工具是否完好齐全。

（4）塔上电工正确穿着个人防护用具，并检查各部位是否连接良好。

（5）塔上 1 号、塔上 2 号电工带传递绳登塔至横担合适位置，系好安全带，将绝缘滑车及绝缘传递绳悬挂在适当位置，与地面电工配合传递上专用卡具、绝缘测零杆、绝缘拉板及托瓶架等。

（6）若是盘型瓷质绝缘子串，塔上 1 号电工将绝缘子检测装置及绝缘操作杆组装好后用绝缘传递绳传递给杆塔上电工，杆塔上电工检测所要更换绝缘子串的绝缘电阻值，当发现同串中零值绝缘子片数不符合带电作业工作要求时，应立即停止检测，并结束本次带电作业工作。

（7）塔上 1 号、塔上 2 号电工相互配合，在绝缘子串两端联板上安装好前、后卡具及紧线工具，安装好托瓶架，塔上 1 号电工稍收紧卡具，并冲击检查承力紧线板的受力情况，确认无异常后，2 号电工操作反光镜配合 1 号电工用操作杆取出单联碗头内锁紧销。

（8）塔上 1 号电工收紧丝杠，使绝缘子串松弛，塔上 2 号电工用绝缘操作杆将碗头脱离瓷瓶串，塔上 1 号电工取出横担侧锁紧销，将绝缘子串横担端与联板脱离。

（9）塔上电工与地面电工配合，用绝缘传递绳采用旧绝缘子串带新绝缘子串方式传递，注意控制好空中上、下两串绝缘子串的位置，防止发生相互碰撞。

（10）按上述相反程序恢复新绝缘子串正常连接。

（11）更换完毕后，拆除更换工具及绝缘托瓶架传递下塔，塔上电工检查塔上无遗留物后，汇报工作负责人，得到同意后携带绝缘传递绳下塔。

（12）地面电工整理所有工器具和清理现场，工作负责人清点工器具。

（13）工作负责人向调度汇报。内容为：本人为工作负责人×××，××kV ××线路带电更换耐张整串绝缘子工作已结束，杆塔上人员已撤离，杆塔、导线上无遗留物，线路设备已恢复，可恢复重合闸。

## 七、工艺质量要求

工艺质量要求见表5–28。

**表5–28　　　　　　工 艺 质 量 要 求**

| 序号 | 作业工序和内容 | 工艺标准和安全要求 |
| --- | --- | --- |
| 1 | 工器具、新绝缘子串外观检查、绝缘工具电阻检测 | 工具摆放在防潮苫布上，摆放整齐，外观检查全面、不漏检，用干燥、清洁的毛巾对绝缘工具进行清洁、对新绝缘子进行检查，用绝缘检测仪对绝缘工具进行绝缘电阻检测，确认绝缘电阻合格。作业人员不得裸手持或拿绝缘工具 |
| 2 | 登塔电工进行绝缘安全带、防坠器外观及冲击试验检查，杆塔外观、周围环境、防坠轨道及基础检查，核对线路双重命名、杆塔号 | 绝缘安全带、防坠器外观及冲击检查合格，杆塔外观、周围环境、防坠轨道完好，杆塔基础合格无裂缝，线路双重命名正确，并向工作负责人汇报清楚 |
| 3 | 塔上1号、塔上2号电工带传递绳登塔至横担合适位置，系好安全带，将绝缘滑车及绝缘传递绳悬挂在适当位置 | 登塔前应获得工作负责人的许可，登塔时不得失去防坠器的保护，攀爬熟练，不打滑，绳索避免被绊住，人员重心稳定，两电工垂直间距不得小于1.6m，换位不能失去安全带的保护。绝缘传递绳固定的位置合适牢靠 |
| 4 | 若是瓷质绝缘子串时，地面电工将检测杆传至塔上，2号地电位电工对瓷质绝缘子从高压侧进行零值检测，告知工作负责人，并做好记录 | 当发现同一串中的零值绝缘子片数达到规定片数时，应立即停止检测，并停止工作；.检测后如良好绝缘子少于9片，立即停止工作；保持绝缘操作杆有效绝缘长度不小于2.1m |
| 5 | 塔上电工，与地面电工配合将专用卡具、绝缘测零杆、绝缘拉板及托瓶架等传递至工作位置并组装好 | 杆塔上电工保持人身与带电体最小安全距离1.8m；传递工器具绳扣应正确可靠，塔上人员防止高空落物 |
| 6 | 在绝缘子串两端联板上安装好前、后卡具及紧线工具，安装好托瓶架，塔上1号电工稍收紧卡具，并冲击检查承力紧线板的受力情况，确认无异常后，2号电工操作反光镜配合1号电工用操作杆取出单联碗头内锁紧销 | 地电位电工始终保持人体与带电体最小安全距离1.8m；在收紧绝缘滑车组提升导线过程中，应检查承力紧线板受力是否良好；使用操作杆取销时，应保持绝缘操作杆有效绝缘长度不小于2.1m |
| 7 | 塔上1号电工收紧丝杠，使绝缘子串松弛，塔上2号电工用绝缘操作杆将碗头脱离瓷瓶串，塔上1号电工取出横担侧锁紧销，将绝缘子串横担端与联板脱离 | 地电位电工始终保持人体与带电体最小安全距离1.8m；横担侧电工不得接触横担侧绝缘子串第二片以下；使用操作杆取销时，应保持绝缘操作杆有效绝缘长度不小于2.1m |
| 8 | 塔上1号、2号电工与地面电工相互配合操作绝缘传递绳，将旧的绝缘子串摘开传递放下，同时新绝缘子串跟随至工作位置 | 注意控制好空中上、下两串绝缘子串的位置，防止发生相互碰撞；绝缘子应保持清洁，绑扎可靠，传递时避免损伤绝缘子 |
| 9 | 塔上1号、2号电工按照上述反程序安装好新绝缘子横担侧锁紧销 | 检查绝缘子串W销或R销是否齐全。在杆塔上作业时，不得失去安全带的保护。在杆塔上转移中，严禁双手持带任何工具物品等 |

续表

| 序号 | 作业工序和内容 | 工艺标准和安全要求 |
|---|---|---|
| 10 | 地电位电工拆除工器具，检查杆塔上无遗留物；下塔返回地面；工作负责人严格监护 | 拆除工器具与地面电工配合传至地面，确认杆塔上无遗留物；征得工作负责人同意后下塔，下塔时不得抓脚钉，杆塔有防坠装置的，应使用防坠装置，下塔过程中，双手不得持带任何工具物品等；监护人专责监护 |
| 11 | 清理地面工作现场；工作负责人全面检查工作完成情况，确认无误后签字撤离现场；工作负责人向调度（工作联系人）汇报，履行工作终结手续 | 确认工器具均已收齐，工作现场做到"工完、料净、场地清"；及时向调度（工作许可人）汇报，恢复重合闸 |

## 模块5 地电位更换耐张中间任意单片绝缘子

### 一、概况

输电线路耐张绝缘子串在运行过程中，当发现中间有单片绝缘子破裂或损坏时，应及时更换该单片绝缘子，该作业项目是半圆卡具地电位更换耐张中间任意单片绝缘子的作业方法，适用于110～220kV带电更换耐张双串中间任意片绝缘子（不含横担侧、导线侧第1片）的作业。

### 二、人员组合

本作业项目工作人员共计4名。其中工作负责人（监护人）1名、塔上电工2名，地面电工1名。

### 三、材料配备

材料配备见表5–29。

**表5–29　　材　料　配　备**

| 序号 | 名　称 | 规　格 | 单位 | 数量 | 备　注 |
|---|---|---|---|---|---|
| 1 | 绝缘子 | 与所需更换绝缘子一致 | 片 | 2 | 备用1片 |
| 2 | 毛巾 | | 块 | 2 | 清洁擦拭用 |

### 四、工器具配备

1. 绝缘工具（见表5–30）

**表5–30　　绝　缘　工　具**

| 序号 | 名　称 | 规格/编号 | 单位 | 数量 | 备　注 |
|---|---|---|---|---|---|
| 1 | 绝缘传递绳 | $\phi 12$ | 根 | 1 | |

续表

| 序号 | 名　　称 | 规格/编号 | 单位 | 数量 | 备　　注 |
|---|---|---|---|---|---|
| 2 | 绝缘绳套 | $\phi$16 | 只 | 1 | |
| 3 | 绝缘滑车组 | 0.5t | 个 | 1 | |
| 4 | 绝缘操作杆 | 220kV | 根 | 1 | |
| 5 | 取销（瓶）钳操作杆 | 220kV | 根 | 1 | |

注　绝缘工具绝缘工器具的机械及电气强度均应满足安规要求，周期预防性及检查性试验合格。

2. 金属工具（见表 5–31）

表 5–31　　金　属　工　具

| 序号 | 名　　称 | 规格/编号 | 单位 | 数量 | 备　　注 |
|---|---|---|---|---|---|
| 1 | 半圆卡具 | | 套 | 1 | |
| 2 | 取销器 | | 套 | 1 | |
| 3 | 瓷质绝缘子检测装置 | | 套 | 1 | 瓷质绝缘子用 |
| 4 | 卡具安装到位检查仪 | | 套 | 1 | |
| 5 | 取瓶器 | | 套 | 1 | |

3. 个人防护用具（见表 5–32）

表 5–32　　个　人　防　护　用　具

| 序号 | 名　　称 | 规格/编号 | 单位 | 数量 | 备　　注 |
|---|---|---|---|---|---|
| 1 | 导电鞋 | | 双 | 2 | 塔上电工用 |
| 2 | 安全带 | | 套 | 2 | 塔上电工用 |
| 3 | 防坠器 | | 只 | 2 | 塔上电工用 |
| 4 | 安全帽 | | 顶 | 4 | |

4. 辅助安全用具（见表 5–33）

表 5–33　　辅　助　安　全　用　具

| 序号 | 名　　称 | 规格/编号 | 单位 | 数量 | 备　　注 |
|---|---|---|---|---|---|
| 1 | 绝缘电阻检测仪 | 5000V | 块 | 1 | 电极宽 2cm，极间距 2cm |
| 2 | 望远镜 | | 块 | 1 | |
| 3 | 防潮苫布 | | 块 | 1 | |
| 4 | 工具袋 | | 只 | 3 | |
| 5 | 风速风向仪 | | 块 | 1 | |
| 6 | 温湿度表 | | 块 | 1 | |
| 7 | 对讲机 | | 对 | 1 | |

## 五、危险点分析及预控措施

危险点分析及预控措施见表 5–34。

**表 5–34**　　危险点分析及预控措施

<table>
<tr><th>序号</th><th>危　险　点</th><th colspan="3">控制及防范措施</th></tr>
<tr><td>1</td><td>误登杆塔</td><td colspan="3">登塔前必须仔细核对线路双重命名、杆塔号，确认无误后方可上塔</td></tr>
<tr><td>2</td><td>高空坠落</td><td colspan="3">登塔时应手抓牢固构件，并使用防坠装置；塔上作业应正确使用绝缘安全带</td></tr>
<tr><td>3</td><td>高空落物</td><td colspan="3">塔上人员应避免落物，地面人员不得在作业点正下方逗留，全体作业人员应正确佩戴安全帽</td></tr>
<tr><td rowspan="5">4</td><td rowspan="5">触电伤害</td><td>安全距离</td><td>110kV</td><td>220kV</td></tr>
<tr><td>塔上地电位人员与带电体、等电位人员与接地体之间要保持安全距离</td><td>1.0m</td><td>1.8m</td></tr>
<tr><td>进入等电位时，要保持的组合间隙距离</td><td>1.2m</td><td>2.1m</td></tr>
<tr><td>绝缘承力工具、绝缘绳索最小有效绝缘长度</td><td>1.0m</td><td>1.8m</td></tr>
<tr><td colspan="3">塔上人员必须穿戴全套合格屏蔽服和导电鞋</td></tr>
<tr><td>5</td><td>导线脱落</td><td colspan="3">更换过程中必须有防止导线脱落的后备保护措施，承力工器具严禁以小代大</td></tr>
</table>

## 六、作业步骤

（1）工作负责人向调度部门申请开工，内容为：本人为工作负责人×××，×年×月×日×时至×时在××kV××线路上带电更换耐张单片绝缘子作业，须停用线路重合闸装置，若遇线路跳闸，不经联系，不得强送。得到调度许可，核对线路双重命名和杆塔号。

（2）全体工作成员列队，工作负责人现场宣读工作票，交代工作任务、安全措施和技术措施；查（问）看工作人员精神状况、着装情况和工器具是否完好齐全。确认天气情况、危险点和预防措施，明确作业分工以及安全措施及注意事项。

（3）地面电工采用绝缘电阻表检测绝缘工具的绝缘电阻，检查金属工具、个人防护用具等工具是否完好齐全。

（4）塔上 1 号电工携带绝缘传递绳登塔至横担处，系挂好安全带，将绝缘滑车及绝缘传递绳在适当位置安装好，2 号电工随后登塔。

（5）若为盘形瓷质绝缘子串，地面电工将绝缘子瓷质绝缘子检测仪及绝缘操作杆组装好后用绝缘传递绳传递给塔上 2 号电工，塔上 2 号电工检测复核所要更换绝缘子串的零值绝缘子，当发现同串中零值绝缘子片数不符合带电作业工作要求时，应立即停止检测，并结束本次带电作业工作。

（6）地面电工将半圆卡具传递给塔上，1 号电工将半圆卡具前卡安装在劣化绝缘子前 1 片的瓷裙前面，后卡安装在需更换的劣化绝缘子后 1 片的瓷裙后面。

（7）塔上 2 号电工持操作杆反光镜检查卡具位置是否安装正确，工作负责人地面望远镜检查半圆卡具安装是否正确后，通知塔上 1 号电工操作收紧半圆卡具，将荷重转移至半圆卡具上，经冲击检查后，2 号电工使用取销器取出劣化绝缘子两端的 W 销。

（8）塔上 1 号电工转动取瓶钳，使钳口张开、闭合以达到卡紧绝缘子的目的。将需更换的劣化绝缘子从绝缘子串中取出，用取瓶器将良好绝缘子装入绝缘子串中。

（9）塔上 2 号电工使用操作杆摇松半圆卡具丝杠，使绝缘子串基本受力，1 号电工使用取销器将两侧绝缘子 W 销安装好。

（10）塔上 2 号电工用反光镜检查绝缘子 W 销安装情况，报经工作负责人同意后，塔上 1 号电工松拆半圆卡具，将半圆卡具及取销钳、取瓶钳等绝缘杆用传递绳传递到地面。

（11）塔上 2 号电工下塔，1 号电工检查确认塔上无遗留工具后，报经工作负责人同意后，携带绝缘传递绳下塔。

（12）地面电工整理所用工器具和清理现场，工作负责人清点工器具。

（13）工作负责人向调度汇报，内容为：本人为工作负责人×××，××kV××线路带电更换耐张单片绝缘子工作已结束，塔上人员已撤离，杆塔、导线上无遗留物，线路设备已恢复，可恢复重合闸。

## 七、工艺质量要求

工艺质量要求见表 5–35。

**表 5–35　　工艺质量要求**

| 序号 | 作业工序和内容 | 工艺标准和安全要求 |
|---|---|---|
| 1 | 工器具、新绝缘子串外观检查、绝缘工具电阻检测 | 工具摆放在防潮苫布上，摆放整齐，外观检查全面、不漏检，用干燥、清洁的毛巾对绝缘工具进行清洁、对新绝缘子进行检查，用绝缘检测仪对绝缘工具进行绝缘电阻检测，确认绝缘电阻合格。作业人员不得裸手持或拿绝缘工具 |
| 2 | 登塔电工进行绝缘安全带、防坠器外观及冲击试验检查，杆塔外观、周围环境、防坠轨道及基础检查，核对线路双重命名、杆塔号 | 绝缘安全带、防坠器外观及冲击检查合格，杆塔外观、周围环境、防坠轨道完好，杆塔基础合格无裂缝，线路双重命名正确，并向工作负责人汇报清楚 |
| 3 | 塔上 1 号、塔上 2 号电工带传递绳登塔至横担合适位置，系好安全带，将绝缘滑车及绝缘传递绳悬挂在适当位置 | 登塔前应获得工作负责人的许可，登塔时不得失去防坠器的保护，攀爬熟练，不打滑，绳索避免被绊住，人员重心稳定，两电工垂直间距不得小于 1.6m，换位不能失去安全带的保护。绝缘传递绳固定的位置合适牢靠 |
| 4 | 若是瓷质绝缘子串时，地面电工将检测杆传至塔上，2 号地电位电工对瓷质绝缘子从高压侧进行零值检测，告知工作负责人，并做好记录 | 当发现同一串中的零值绝缘子片数达到规定片数时，应立即停止检测，并停止工作；检测后如良好绝缘子少于 9 片，立即停止工作；保持绝缘操作杆有效绝缘长度不小于 2.1m |
| 5 | 塔上电工与地面电工配合将专用卡具、绝缘测零杆、绝缘拉板及托瓶架等传递至工作位置并组装好 | 杆塔上电工保持人身与带电体最小安全距离 1.8m；传递工器具绳扣应正确可靠，塔上人员防止高空落物；半圆卡具前卡安装在劣化绝缘子前 1 片的瓷裙前面，后卡安装在需更换的劣化绝缘子后 1 片的瓷裙后面 |

续表

| 序号 | 作业工序和内容 | 工艺标准和安全要求 |
| --- | --- | --- |
| 6 | 塔上2号电工持操作杆反光镜检查卡具位置是否安装正确，工作负责人地面望远镜检查半圆卡具安装是否正确后，通知塔上1号电工操作收紧半圆卡具，将荷重转移至半圆卡具上，经冲击检查后，2号电工使用取销器取出劣化绝缘子两端的 W 销 | 地电位电工始终保持人体与带电体最小安全距离 1.8m；在将荷重转移至半圆卡具上的过程中，应检查卡具受力是否良好；使用操作杆取销时，应保持绝缘操作杆有效绝缘长度不小于 2.1m |
| 7 | 塔上1号电工使用取瓶钳将需更换的劣化绝缘子从绝缘子串中取出，用取瓶器将良好绝缘子装入绝缘子串中。塔上2号电工使用操作杆摇松半圆卡具丝杠，使绝缘子串基本受力，1号电工使用取销器将两侧绝缘子 W 销安装好 | 地电位电工始终保持人体与带电体最小安全距离 1.8m；横担侧电工不得接触横担侧绝缘子串第二片以下；使用操作杆取销时，应保持绝缘操作杆有效绝缘长度不小于 2.1m |
| 8 | 塔上2号电工用反光镜检查绝缘子 W 销安装情况，报经工作负责人同意后，塔上1号电工松拆半圆卡具，将半圆卡具及取销钳、取瓶钳等绝缘杆用传递绳传递到地面。检查杆塔上无遗留物；下塔返回地面；工作负责人严格监护 | 拆除工器具与地面电工配合传至地面，确认杆塔上无遗留物；征得工作负责人同意后下塔，下塔时不得抓脚钉，杆塔有防坠装置的，应使用防坠装置，下塔过程中，双手不得持带任何工具物品等；监护人专责监护 |
| 9 | 清理地面工作现场；工作负责人全面检查工作完成情况，确认无误后签字撤离现场；工作负责人向调度（工作联系人）汇报，履行工作终结手续 | 确认工器具均已收齐，工作现场做到“工完、料净、场地清”；及时向调度（工作许可人）汇报，恢复重合闸 |

# 模块 6 等电位更换导线防振锤

## 一、概况

输电线路运行过程中，当发现防振锤严重锈蚀或损坏时，应对其进行更换，该作业项目采用等电位人员攀登软梯进入电位更换防振锤的作用方法，适用于 220kV 线路带电更换防振锤的作业。110kV 电压等级的同类作业可参照此方法。

## 二、人员组合

本作业项目工作人员共计 6 名。其中工作负责人（监护人）1 名、塔上电工 1 名，等电位电工 1 名，地面电工 3 名。

## 三、材料配备

材料配备见表 5–36。

**表 5–36　　材　料　配　备**

| 序号 | 名　称 | 规　格 | 单位 | 数量 | 备　注 |
| --- | --- | --- | --- | --- | --- |
| 1 | 防振锤 | 相应规格 | 套 | 1 | |
| 2 | 铝包带 | | 卷 | 1 | |
| 3 | 毛巾 | | 块 | 1 | 清洁擦拭用 |

## 四、工器具配备

### 1. 绝缘工具（见表 5–37）

**表 5–37** 绝 缘 工 具

| 序号 | 名　　称 | 规格/编号 | 单位 | 数量 | 备　　注 |
|---|---|---|---|---|---|
| 1 | 传递用绝缘绳 | $\phi$10mm | 根 | 2 | |
| 2 | 绝缘滑车 | 0.5t | 只 | 2 | |
| 3 | 绝缘绳套 | $\phi$20mm | 只 | 2 | |
| 4 | 绝缘软梯 | | 副 | 1 | 视作业高度 |
| 5 | 绝缘操作杆 | 视电压等级 | 根 | 1 | 视电压等级 |

**注**　绝缘工具绝缘工器具的机械及电气强度均应满足安规要求，周期预防性及检查性试验合格。

### 2. 金属工具（见表 5–38）

**表 5–38** 金 属 工 具

| 序号 | 名　　称 | 规格/编号 | 单位 | 数量 | 备　　注 |
|---|---|---|---|---|---|
| 1 | 软梯跟头滑车 | | 个 | 1 | |
| 2 | 扭矩扳手 | | 把 | 1 | |
| 3 | 金属软梯头 | | 个 | 1 | |

### 3. 个人防护用具（见表 5–39）

**表 5–39** 个 人 防 护 用 具

| 序号 | 名　　称 | 规格/编号 | 单位 | 数量 | 备　　注 |
|---|---|---|---|---|---|
| 1 | 人体后备保护绝缘绳 | | 根 | 1 | |
| 2 | 导电鞋 | | 双 | 2 | |
| 3 | 安全带 | | 套 | 2 | |
| 4 | 防坠器 | | 只 | 1 | |
| 5 | 安全帽 | | 顶 | 6 | |
| 6 | 全套屏蔽服 | | 套 | 1 | |

### 4. 辅助安全用具（见表 5–40）

**表 5–40** 辅 助 安 全 用 具

| 序号 | 名　　称 | 规格/编号 | 单位 | 数量 | 备　　注 |
|---|---|---|---|---|---|
| 1 | 绝缘电阻检测仪 | 5000V | 块 | 1 | 电极宽 2cm，极间距 2cm |

续表

| 序号 | 名　　称 | 规格/编号 | 单位 | 数量 | 备　　注 |
|---|---|---|---|---|---|
| 2 | 防潮苫布 | | 块 | 各 1 | |
| 3 | 工具袋 | | 只 | 3 | |
| 4 | 风速风向仪 | | 块 | 1 | |
| 5 | 温湿度表 | | 块 | 1 | |
| 6 | 对讲机 | | 对 | 1 | |
| 7 | 万用表 | | 块 | 1 | |

## 五、危险点分析及预控措施

危险点分析及预控措施见表 5–41。

**表 5–41**　　危险点分析及预控措施

<table>
<tr><th>序号</th><th>危　险　点</th><th colspan="3">控制及防范措施</th></tr>
<tr><td>1</td><td>误登杆塔</td><td colspan="3">登塔前必须仔细核对线路双重命名、杆塔号，确认无误后方可上塔</td></tr>
<tr><td>2</td><td>高空坠落</td><td colspan="3">登塔时应手抓牢固构件，并使用防坠装置；塔上作业应正确使用绝缘安全带</td></tr>
<tr><td>3</td><td>高空落物</td><td colspan="3">塔上人员应避免落物，地面人员不得在作业点正下方逗留，全体作业人员应正确佩戴安全帽</td></tr>
<tr><td rowspan="5">4</td><td rowspan="5">触电伤害</td><td>安全距离</td><td>110kV</td><td>220kV</td></tr>
<tr><td>塔上地电位人员与带电体、等电位人员与接地体之间要保持安全距离</td><td>1.0m</td><td>1.8m</td></tr>
<tr><td>进入等电位时，要保持的组合间隙距离</td><td>1.2m</td><td>2.1m</td></tr>
<tr><td>绝缘承力工具、绝缘绳索最小有效绝缘长度</td><td>1.0m</td><td>1.8m</td></tr>
<tr><td colspan="3">塔上人员必须穿戴全套合格屏蔽服和导电鞋</td></tr>
</table>

## 六、作业步骤

（1）工作负责人向调度部门申请开工，内容为：本人为工作负责人×××，×年×月×日×时至×时在××kV××线路上带电更换导线防振锤工作，须停用线路重合闸装置，若遇线路跳闸，不经联系，不得强送。得到调度许可，核对线路双重命名和杆塔号。

（2）全体工作成员列队，工作负责人现场宣读工作票，交代工作任务、安全措施和技术措施；查（问）看工作人员精神状况、着装情况和工器具是否完好齐全。确认天气情况、危险点和预防措施，明确作业分工以及安全措施及注意事项。

（3）地面电工采用绝缘电阻表检测绝缘工具的绝缘电阻，检查金属工具、个人防护用具等工具是否完好齐全。

（4）等电位和塔上电工正确穿着个人防护用具，并检查各部位是否连接良好。

（5）塔上电工携带绝缘传递绳登塔至工作位置，系挂好安全带，将绝缘滑车悬挂在适当的位置。

（6）地面电工传递上软梯跟头滑车，塔上电工使用绝缘操作杆在导线上挂好跟头滑车。

（7）地面电工将绝缘软梯吊挂在导线上，并试冲击软梯挂设牢固情况。

（8）等电位电工系好防坠后备保护绳后，向负责人申请登软梯，地面电工有效控制防坠保护绳。

（9）等电位电工登软梯至离导线 0.3m 处，向工作负责人申请进入电场，经工作负责人同意后，等电位电工迅速进入电场，在导线上系挂好安全带后，才能拆除防坠保护绳。

（10）等电位电工拆除需更换的防振锤，与地面电工配合将损坏的防振锤吊下，将新防振锤传递上安装好，按相应规格的螺栓拧紧其标准扭矩值。

（11）等电位电工向工作负责人申请退出电场，经工作负责人同意后，等电位电工系好防坠保护绳，解开安全带下梯站好，经负责人同意后，迅速脱离电场后下至地面。

（12）塔上电工和地面电工配合，将绝缘软梯等工具拆除并传递至地面。

（13）塔上电工检查塔上无遗留物，经工作负责人同意后携带绝缘传递绳下塔。

（14）地面电工整理所用工器具和清理现场，工作负责人清点工器具。

（15）工作负责人向调度汇报。内容为：本人为工作负责人×××，××kV ××线路带电更换导线防振锤工作已结束，杆塔上人员已撤离，杆塔、导线上无遗留物，线路设备已恢复，可恢复重合闸。

## 七、工艺质量要求

工艺质量要求见表 5–42。

表 5–42　　　　工艺质量要求

| 序号 | 作业工序和内容 | 工艺标准和安全要求 |
|---|---|---|
| 1 | 工器具外观检查、绝缘工具电阻检测。等电位和塔上电工正确穿着个人防护用具，并检查各部位是否连接良好 | 工具摆放在防潮苫布上，摆放整齐，外观检查全面、不漏检，用干燥、清洁的毛巾对绝缘工具进行清洁，用绝缘检测仪对绝缘工具进行绝缘电阻检测，确认绝缘电阻合格。作业人员不得裸手持或拿绝缘工具 |
| 2 | 登塔电工及等电位电工进行绝缘安全带、防坠器外观及冲击试验检查，杆塔外观、周围环境、防坠轨道及基础检查，核对线路双重命名、杆塔号 | 绝缘安全带、防坠器外观及冲击检查合格，杆塔外观、周围环境、防坠轨道完好，杆塔基础合格无裂缝，线路双重命名正确，并向工作负责人汇报清楚 |
| 3 | 塔上电工携带绝缘传递绳登塔至横担适宜处挂好 | 登塔前应获得工作负责人的许可，登塔时不得失去防坠器的保护，攀爬熟练，不打滑，绳索避免被绊住，人员重心稳定，换位不能失去安全带的保护。绝缘传递绳固定的位置合适牢靠 |
| 4 | 地面电工将软梯跟头滑车传递给塔上电工，塔上电工用绝缘操作杆将软梯跟头滑车挂在导线上 | 保持绝缘操作杆有效绝缘长度不小于 2.1m |

续表

| 序号 | 作业工序和内容 | 工艺标准和安全要求 |
| --- | --- | --- |
| 5 | 地面电工将绝缘软梯吊挂在导线上，并试冲击软梯挂设牢固情况。等电位电工系好防坠后备保护绳后，向负责人申请登软梯，地面电工有效控制防坠保护绳 | 地面电工在悬挂软梯后应进行 3 次冲击试验检查，检查合格后方可登梯 |
| 6 | 等电位电工系好防坠后备保护绳，检查扣环得到工作负责人同意后，登软梯进入电场，系好安全带后才能拆除后备保护绳 | 等电位电工攀登软梯至软梯头下方 0.3m 左右，向工作负责人申请等电位，得到工作负责人同意后快速抓住软梯头进入电场 |
| 7 | 等电位电工拆除需更换的防振锤，与地面电工配合将损坏的防振锤吊下，将新防振锤传递上安装好，按相应规格的螺栓拧紧其标准扭矩值 | 上下传递防振锤过程中应避免发生磕碰，传递绳不得相互缠绕；更换防振锤时应先缠绕铝包带，且防振锤两端露出 10mm；更换新防振锤后螺栓应按相应规格扭矩值拧紧 |
| 8 | 等电位电工系好防坠保护绳后，解开安全带，沿绝缘软梯回落地面，地面电工拆除绝缘软梯 | 等电位电工沿软梯下退至人站直并手抓金属剃头最下端横梁，向工作负责人申请脱离电位，许可后应快速脱离电位 |
| 9 | 绝塔上电工和地面电工配合，将软梯跟头滑车牵拉至横担附近，然后由塔上电工用绝缘操作杆摘除软梯跟头滑车，并用传递绳下传至地面。<br>检查杆塔上无遗留物；下塔返回地面；工作负责人严格监护 | 塔上电工与地面电工配合，将跟斗滑车拉至横担附近，并用操作杆摘除跟斗滑车，作业时保持绝缘操作杆有效绝缘长度不小于 2.1m。确认杆塔上无遗留物；征得工作负责人同意后下塔，下塔时不得抓脚钉，杆塔有防坠装置的，应使用防坠装置，下塔过程中，双手不得持带任何工具物品等；监护人专责监护 |
| 10 | 清理地面工作现场；工作负责人全面检查工作完成情况，确认无误后签字撤离现场；工作负责人向调度（工作联系人）汇报，履行工作终结手续 | 确认工器具均已收齐，工作现场做到“工完、料净、场地清”；及时向调度（工作许可人）汇报，恢复重合闸 |

## 模块 7　等电位带电修补导线

### 一、概况

当运行中的导线受外力破坏致使导线出现损伤、断股时，应及时对其进行修补，该作业项目采用绝缘软梯法等电位修补导线的作用方法，适用于 110～220kV 线路导线损伤程度较轻或地线直径复合悬挂软梯条件，且交叉跨越等距离符合要求情况下的导线修补作业。

### 二、人员组合

本作业项目工作人员共计 6 名。其中工作负责人（监护人）1 名、塔上电工 1 名，等电位电工 1 名，地面电工 3 名。

### 三、材料配备

材料配备见表 5–43。

表 5–43 材 料 配 备

| 序号 | 名 称 | 规 格 | 单位 | 数量 | 备 注 |
| --- | --- | --- | --- | --- | --- |
| 1 | 预绞丝补修条 | 与导线直径相匹配 | 套 | 1 | 根据需要也可采用补修管 |
| 2 | 导电脂 | | 盒 | 1 | |
| 3 | 毛巾 | | 块 | 1 | 清洁擦拭用 |

## 四、工器具配备

1. 绝缘工具（见表 5–44）

表 5–44 绝 缘 工 具

| 序号 | 名 称 | 规格/编号 | 单位 | 数量 | 备 注 |
| --- | --- | --- | --- | --- | --- |
| 1 | 传递用绝缘绳 | $\phi$10mm | 根 | 2 | |
| 2 | 绝缘滑车 | 0.5t | 只 | 2 | |
| 3 | 绝缘绳套 | $\phi$20mm | 只 | 2 | |
| 4 | 绝缘软梯 | | 副 | 1 | 视作业高度 |
| 5 | 绝缘操作杆 | 视电压等级 | 根 | 1 | 视电压等级 |

注 绝缘工器具的机械及电气强度均应满足安规要求，周期预防性及检查性试验合格。

2. 金属工具（见表 5–45）

表 5–45 金 属 工 具

| 序号 | 名 称 | 规格/编号 | 单位 | 数量 | 备 注 |
| --- | --- | --- | --- | --- | --- |
| 1 | 软梯跟头滑车 | | 个 | 1 | |
| 2 | 钢丝刷 | | 把 | 1 | |
| 3 | 金属软梯头 | | 个 | 1 | |

3. 个人防护用具（见表 5–46）

表 5–46 个 人 防 护 用 具

| 序号 | 名 称 | 规格/编号 | 单位 | 数量 | 备 注 |
| --- | --- | --- | --- | --- | --- |
| 1 | 人体后备保护绝缘绳 | | 根 | 1 | |
| 2 | 导电鞋 | | 双 | 2 | |
| 3 | 安全带 | | 套 | 2 | |
| 4 | 防坠器 | | 只 | 1 | |
| 5 | 安全帽 | | 顶 | 6 | |
| 6 | 全套屏蔽服 | | 套 | 1 | |

4. 辅助安全用具（见表 5–47）

**表 5–47　　　　辅 助 安 全 用 具**

| 序号 | 名　称 | 规格/编号 | 单位 | 数量 | 备　注 |
|---|---|---|---|---|---|
| 1 | 绝缘电阻检测仪 | 5000V | 块 | 1 | 电极宽 2cm，极间距 2cm |
| 2 | 防潮苫布 | | 块 | 1 | |
| 3 | 工具袋 | | 只 | 3 | |
| 4 | 风速风向仪 | | 块 | 1 | |
| 5 | 温湿度表 | | 块 | 1 | |
| 6 | 对讲机 | | 对 | 1 | |
| 7 | 万用表 | | 块 | 1 | |

## 五、危险点分析及预控措施

危险点分析及预控措施见表 5–48。

**表 5–48　　　　危险点分析及预控措施**

<table>
<tr><th>序号</th><th>危　险　点</th><th colspan="3">控制及防范措施</th></tr>
<tr><td>1</td><td>误登杆塔</td><td colspan="3">登塔前必须仔细核对线路双重命名、杆塔号，确认无误后方可上塔</td></tr>
<tr><td>2</td><td>高空坠落</td><td colspan="3">登塔时应手抓牢固构件，并使用防坠装置；塔上作业应正确使用绝缘安全带</td></tr>
<tr><td>3</td><td>高空落物</td><td colspan="3">塔上人员应避免落物，地面人员不得在作业点正下方逗留，全体作业人员应正确佩戴安全帽</td></tr>
<tr><td rowspan="5">4</td><td rowspan="5">触电伤害</td><td>安全距离</td><td>110kV</td><td>220kV</td></tr>
<tr><td>塔上地电位人员与带电体、等电位人员与接地体之间要保持安全距离</td><td>1.0m</td><td>1.8m</td></tr>
<tr><td>进入等电位时，要保持的组合间隙距离</td><td>1.2m</td><td>2.1m</td></tr>
<tr><td>绝缘承力工具、绝缘绳索最小有效绝缘长度</td><td>1.0m</td><td>1.8m</td></tr>
<tr><td colspan="3">塔上人员必须穿戴全套合格屏蔽服和导电鞋</td></tr>
<tr><td>5</td><td>工具脱落</td><td colspan="3">软梯挂好后，要确认梯头已封口方可攀登</td></tr>
</table>

## 六、作业步骤

（1）工作负责人向调度部门申请开工。内容为：本人为工作负责人×××，×年×月×日×时至×时在××kV ××线路上带电修补导线，须停用线路重合闸装置，若遇线路跳闸，不经联系，不得强送。得到调度许可后，核对线路双重命名和杆塔号。

（2）全体工作成员列队，工作负责人现场宣读工作票、交代工作任务、安全措施和技术措施；查（问）看作业人员精神状况、着装情况和工器具是否完好齐全。确认天气

情况、危险点和预防措施，明确作业分工以及安全注意事项。

（3）地面电工采用绝缘电阻表检测绝缘工具的绝缘电阻，检查金属工具、个人防护用具等工具是否完好齐全。

（4）等电位和塔上电工正确穿着个人防护用具，并检查各部位是否连接良好。

（5）塔上电工携带绝缘传递绳登塔至横担适当位置，系挂好安全带，将绝缘滑车及绝缘绳在作业横担适当位置安装好。

（6）地面电工将软梯跟头滑车传递给塔上电工，塔上电工用绝缘操作杆将软梯跟头滑车挂在导线上。

（7）地面电工提升悬挂绝缘软梯，塔上电工用绝缘操作杆钩上软梯绝缘控制绳。地面电工试冲击软梯悬挂情况，无误后将软梯拉至导线损伤附近，塔上电工松出控制绳。

（8）等电位电工系好防坠后备保护绳后攀登软梯，地面电工控制软梯尾部。等电位电工攀登软梯至软梯头下方 0.3m 左右，向工作负责人申请等电位，得到工作负责人同意后，快速抓住软梯头进入电场，在导线上系挂好安全带后才能解开防坠保护绳。

（9）等电位电工按照 DL/T 1069《输电线路导地线补修导则》要求完成导线修补。

（10）等电位电工系好防坠保护绳后，解开安全带，沿软梯下退至人站直并手抓导线，向工作负责人申请脱离电位，许可后应快速脱离电位，等电位电工沿绝缘软梯回落地面，地面电工拆除绝缘软梯。

（11）塔上电工和地面电工配合，将软梯跟头滑车牵拉至横担附近，然后由塔上电工用绝缘操作杆摘除软梯跟头滑车，并用传递绳下传至地面。

（12）塔上电工检查确认塔上无遗留工具后，汇报工作负责人，得到同意后携带绝缘传递绳下塔。

（13）地面电工整理所用工器具和清理现场，工作负责人清点工器具。

（14）工作负责人向调度汇报。内容为：本人为工作负责人×××，××kV ××线路带电修补导线工作已结束，杆塔上人员已撤离，杆塔、导线上无遗留物，线路设备已恢复，可恢复重合闸。

## 七、工艺质量要求

工艺质量要求见表 5–49。

**表 5–49　　工 艺 质 量 要 求**

| 序号 | 作业工序和内容 | 工艺标准和安全要求 |
|---|---|---|
| 1 | 工器具外观检查、绝缘工具电阻检测。等电位和塔上电工正确穿着个人防护用具，并检查各部位连接良好 | 工具摆放在防潮苫布上，摆放整齐，外观检查全面、不漏检，用干燥、清洁的毛巾对绝缘工具进行清洁，用绝缘检测仪对绝缘工具进行绝缘电阻检测，确认绝缘电阻合格。作业人员不得裸手持或拿绝缘工具 |

续表

| 序号 | 作业工序和内容 | 工艺标准和安全要求 |
|---|---|---|
| 2 | 登塔电工及等电位电工进行绝缘安全带、防坠器外观及冲击试验检查，杆塔外观、周围环境、防坠轨道及基础检查，核对线路双重命名、杆塔号 | 绝缘安全带、防坠器外观及冲击检查合格，杆塔外观、周围环境、防坠轨道完好，杆塔基础合格无裂缝，线路双重命名正确，并向工作负责人汇报清楚 |
| 3 | 塔上电工携带绝缘传递绳登塔至横担适宜处挂好 | 登塔前应获得工作负责人的许可，登塔时不得失去防坠器的保护，攀爬熟练，不打滑，绳索避免被绊住，人员重心稳定，换位不能失去安全带的保护。绝缘传递绳固定的位置合适牢靠 |
| 4 | 地面电工将软梯跟头滑车传递给塔上电工，塔上电工用绝缘操作杆将软梯跟头滑车挂在导线上 | 保持绝缘操作杆有效绝缘长度不小于 2.1m |
| 5 | 地面电工提升悬挂绝缘软梯，塔上电工用绝缘操作杆钩上软梯绝缘控制绳。地面电工试冲击软梯悬挂情况，无误后将软梯拉至导线损伤附近，塔上电工松出控制绳 | 地面电工在悬挂软梯后应进行 3 次冲击试验检查，检查合格后方可登梯；保持绝缘操作杆有效绝缘长度不小于 2.1m |
| 6 | 等电位电工系好防坠后备保护绳，检查扣环得到工作负责人同意后，登软梯进入电场，系好安全带后进行导线修补作业 | 等电位电工攀登软梯至软梯头下方 0.3m 左右，向工作负责人申请等电位，得到工作负责人同意后快速抓住软梯头进入电场；修补导线作业应按照《输电线路导地线补修导则》要求进行导线修补 |
| 7 | 等电位电工系好防坠保护绳后，解开安全带，沿绝缘软梯回落地面，地面电工拆除绝缘软梯 | 等电位电工沿软梯下退至人站直并手抓金属剃头最下端横梁，向工作负责人申请脱离电位，许可后应快速脱离电位 |
| 8 | 绝塔上电工和地面电工配合，将软梯跟头滑车牵拉至横担附近，然后由塔上电工用绝缘操作杆摘除软梯跟头滑车，并用传递绳下传至地面。检查杆塔上无遗留物；下塔返回地面；工作负责人严格监护 | 塔上电工与地面电工配合，将跟斗滑车拉至横担附近，并用操作杆摘除跟斗滑车，作业时保持绝缘操作杆有效绝缘长度不小于 2.1m。确认杆塔上无遗留物；征得工作负责人同意后下塔，下塔时不得抓脚钉，杆塔有防坠装置的，应使用防坠装置，下塔过程中，双手不得持带任何工具物品等；监护人专责监护 |
| 9 | 清理地面工作现场；工作负责人全面检查工作完成情况，确认无误后签字撤离现场；工作负责人向调度（工作联系人）汇报，履行工作终结手续 | 确认工器具均已收齐，工作现场做到“工完、料净、场地清”；及时向调度（工作许可人）汇报，恢复重合闸 |

## 模块 8　地电位带电检测绝缘子

### 一、概况

本作业项目采用分布电压法地电位带电检测绝缘子的作业方法，适用于 110～220kV 带电检测瓷质绝缘子的作业，本方法所用工具较少，操作简单，适用于大多数塔型的直线和耐张瓷质绝缘子检测。

### 二、人员组合

本作业项目工作人员共计 3 名。其中工作负责人（监护人）1 名、塔上电工 1 名，地面电工1名。

## 三、材料配备

材料配备见表5–50。

表5–50 材料配备

| 序号 | 名称 | 规格 | 单位 | 数量 | 备注 |
|---|---|---|---|---|---|
| 1 | 毛巾 | | 块 | 1 | 清洁擦拭用 |

## 四、工器具配备

1. 绝缘工具（见表5–51）

表5–51 绝缘工具

| 序号 | 名称 | 规格/编号 | 单位 | 数量 | 备注 |
|---|---|---|---|---|---|
| 1 | 传递用绝缘绳 | $\phi$10mm | 根 | 1 | |
| 2 | 绝缘滑车 | 0.5t | 只 | 1 | |
| 3 | 绝缘操作杆 | 视电压等级 | 根 | 1 | |

注 绝缘工具绝缘工器具的机械及电气强度均应满足安规要求，周期预防性及检查性试验合格。

2. 金属工具（见表5–52）

表5–52 金属工具

| 序号 | 名称 | 规格/编号 | 单位 | 数量 | 备注 |
|---|---|---|---|---|---|
| 1 | 瓷质绝缘子检测装置 | | 个 | 1 | |

3. 个人防护用具（见表5–53）

表5–53 个人防护用具

| 序号 | 名称 | 规格/编号 | 单位 | 数量 | 备注 |
|---|---|---|---|---|---|
| 1 | 绝缘人身后备保护绳 | $\phi$16mm 高强 | 根 | 1 | 塔上位电工用 |
| 2 | 导电鞋 | | 双 | 2 | 塔上电工用 |
| 3 | 安全带 | | 套 | 2 | 塔上电工用 |
| 4 | 防坠器 | | 只 | 2 | 塔上电工用 |
| 5 | 安全帽 | | 顶 | 3 | |

4. 辅助安全用具（见表 5–54）

**表 5–54　　辅助安全用具**

| 序号 | 名　称 | 规格/编号 | 单位 | 数量 | 备　注 |
|---|---|---|---|---|---|
| 1 | 绝缘电阻检测仪 | 5000V | 块 | 1 | 电极宽 2cm，极间距 2cm |
| 2 | 防潮苫布 | | 块 | 1 | |
| 3 | 工具袋 | | 只 | 3 | |
| 4 | 风速风向仪 | | 块 | 1 | |
| 5 | 温湿度表 | | 块 | 1 | |
| 6 | 对讲机 | | 对 | 1 | |

## 五、危险点分析及预控措施

危险点分析及预控措施见表 5–55。

**表 5–55　　危险点分析及预控措施**

<table>
<tr><th>序号</th><th>危　险　点</th><th colspan="3">控制及防范措施</th></tr>
<tr><td>1</td><td>误登杆塔</td><td colspan="3">登塔前必须仔细核对线路双重命名、杆塔号，确认无误后方可上塔</td></tr>
<tr><td>2</td><td>高空坠落</td><td colspan="3">登塔时应手抓牢固构件，并使用防坠装置；塔上作业应正确使用绝缘安全带</td></tr>
<tr><td>3</td><td>高空落物</td><td colspan="3">塔上人员应避免落物，地面人员不得在作业点正下方逗留，全体作业人员应正确佩戴安全帽</td></tr>
<tr><td rowspan="5">4</td><td rowspan="5">触电伤害</td><td>安全距离</td><td>110kV</td><td>220kV</td></tr>
<tr><td>塔上地电位人员与带电体、等电位人员与接地体之间要保持安全距离</td><td>1.0m</td><td>1.8m</td></tr>
<tr><td>进入等电位时，要保持的组合间隙距离</td><td>1.2m</td><td>2.1m</td></tr>
<tr><td>绝缘承力工具、绝缘绳索最小有效绝缘长度</td><td>1.0m</td><td>1.8m</td></tr>
<tr><td colspan="3">塔上人员必须穿戴全套合格屏蔽服和导电鞋</td></tr>
</table>

## 六、作业步骤

（1）工作前工作负责人向调度部门申请开工，内容为：本人为工作负责人×××，×年×月×日×时至×时在××kV××线路上带电检测劣质瓷绝缘子，须停用线路重合闸装置，若遇线路跳闸，不经联系，不得强送。得到调度许可，核对线路双重命名和杆塔号。

（2）全体工作成员列队，工作负责人现场宣读工作票、交代工作任务、安全措施和技术措施；查（问）看作业人员精神状况、着装情况和工器具是否完好齐全。确认天气

情况、危险点和预防措施，明确作业分工以及安全注意事项。

（3）地面电工采用绝缘电阻表检测绝缘工具的绝缘电阻，检查金属工具、个人防护用具等工具是否完好齐全。

（4）塔上电工携带绝缘传递绳登塔至横担处，系扣好安全带，将绝缘滑车及绝缘传递绳悬挂在适当的位置。

（5）地面电工将绝缘子检测装置及绝缘操作杆组装好后传递给塔上电工，塔上电工手持绝缘操作杆从导线侧向横担侧逐片检测绝缘子的分布电压值或电阻值，当同串中零值绝缘子片数不符合带电作业工作要求时应立即停止检测，并结束本次带电作业工作。

（6）塔上电工每检测 1 片，报告一次，地面电工逐片记录，对照标准分布电压值判定是否低值或零值。

（7）绝缘子检测完毕，塔上电工与地面电工配合，将瓷质绝缘子检测仪及绝缘操作杆传递至地面。

（8）塔上电工检查确认塔上无遗留工具后，汇报工作负责人，得到同意后携带绝缘传递绳下塔。

（9）地面电工整理所用工器具和清理现场，工作负责人清点工器具。

（10）工作负责人向调度汇报。内容为：本人为工作负责人×××，××kV××线路带电检测劣值瓷绝缘子工作已结束，杆塔上人员已撤离，杆塔、导线上无遗留物，线路设备已恢复，可恢复重合闸。

## 七、工艺质量要求

工艺质量要求见表 5–56。

**表 5–56　　工 艺 质 量 要 求**

| 序号 | 作业工序和内容 | 工艺标准和安全要求 |
|---|---|---|
| 1 | 工器具外观检查、绝缘工具电阻检测 | 工具摆放在防潮苫布上，摆放整齐，外观检查全面、不漏检，用干燥、清洁的毛巾对绝缘工具进行清洁，用绝缘检测仪对绝缘工具进行绝缘电阻检测，确认绝缘电阻合格。作业人员不得裸手持或拿绝缘工具 |
| 2 | 登塔电工进行绝缘安全带、防坠器外观及冲击试验检查，杆塔外观、周围环境、防坠轨道及基础检查，核对线路双重命名、杆塔号 | 绝缘安全带、防坠器外观及冲击检查合格，杆塔外观、周围环境、防坠轨道完好，杆塔基础合格无裂缝，线路双重命名正确，并向工作负责人汇报清楚 |
| 3 | 地电位电工携带绝缘传递绳登塔至横担适宜处挂好 | 登塔前应获得工作负责人的许可，登塔时不得失去防坠器的保护，攀爬熟练，不打滑，绳索避免被绊住，人员重心稳定，换位不能失去安全带的保护。绝缘传递绳固定的位置合适牢靠 |
| 4 | 地面电工将绝缘子检测装置及绝缘操作杆组装好后传递给塔上电工，塔上电工对瓷质绝缘子从导线侧向横担侧逐片进行零值检测，告知工作负责人，并做好记录 | 塔上电工每检测 1 片，报告一次，地面电工逐片记录，对照标准分布电压值判定是否低值或零值；当发现同一串中的零值绝缘子片数达到规定片数时，应立即停止检测，并停止工作；保持绝缘操作杆有效绝缘长度不小于 2.1m |

续表

| 序号 | 作业工序和内容 | 工艺标准和安全要求 |
| --- | --- | --- |
| 5 | 绝缘子检测完毕，塔上电工与地面电工配合，将瓷质绝缘子检测仪及绝缘操作杆传递至地面，检查杆塔上无遗留物；下塔返回地面；工作负责人严格监护 | 塔上电工与地面电工配合，将瓷质绝缘子检测仪及绝缘操作杆传递至地面，确认杆塔上无遗留物；征得工作负责人同意后下塔，下塔时手抓牢固构件，杆塔有防坠装置的，应使用防坠装置，下塔过程中，双手不得持带任何工具物品等；监护人专责监护 |
| 6 | 清理地面工作现场；工作负责人全面检查工作完成情况，确认无误后签字撤离现场；工作负责人向调度（工作联系人）汇报，履行工作终结手续 | 确认工器具均已收齐，工作现场做到“工完、料净、场地清”；及时向调度（工作许可人）汇报，恢复重合闸 |

## 模块 9　等电位带电处理导线异物

### 一、概况

输电线路运行过程中，当发现有塑料布或者风筝线等异物挂着导线上时，应及时进行消除，该作业项目采用等电位作业人员攀登绝缘软梯进入电位，手工或利用绝缘操作杆带金属钩刀清除异物的作业方法，适用于 220kV 线路带电处理导线异物的作业。110kV 电压等级的同类作业可参照此方法。

### 二、人员组合

本作业项目工作人员共计 5 名。其中工作负责人（监护人）1 名、塔上电工 1 名，等电位电工 1 名，地面电工 2 名。

### 三、材料配备

材料配备见表 5–57。

**表 5–57　　材　料　配　备**

| 序号 | 名　称 | 规　格 | 单位 | 数量 | 备　注 |
| --- | --- | --- | --- | --- | --- |
| 1 | 毛巾 |  | 块 | 1 | 清洁擦拭用 |

### 四、工器具配备

1. 绝缘工具（见表 5–58）

**表 5–58　　绝　缘　工　具**

| 序号 | 名　称 | 规格/编号 | 单位 | 数量 | 备　注 |
| --- | --- | --- | --- | --- | --- |
| 1 | 传递用绝缘绳 | ϕ10mm | 根 | 2 |  |

续表

| 序号 | 名　称 | 规格/编号 | 单位 | 数量 | 备　注 |
|---|---|---|---|---|---|
| 2 | 绝缘滑车 | 0.5t | 只 | 2 | |
| 3 | 绝缘绳套 | $\phi$20mm | 只 | 2 | |
| 4 | 绝缘软梯 | | 副 | 1 | 视作业高度 |
| 5 | 绝缘操作杆 | 视电压等级 | 根 | 1 | 视电压等级 |

注　绝缘工具绝缘工器具的机械及电气强度均应满足安规要求，周期预防性及检查性试验合格。

2. 金属工具（见表 5–59）

**表 5–59　　金　属　工　具**

| 序号 | 名　称 | 规格/编号 | 单位 | 数量 | 备　注 |
|---|---|---|---|---|---|
| 1 | 软梯跟头滑车 | | 个 | 1 | |
| 2 | 金属钩刀 | | 把 | 1 | |
| 3 | 金属软梯头 | | 个 | 1 | |

3. 个人防护用具（见表 5–60）

**表 5–60　　个 人 防 护 用 具**

| 序号 | 名　称 | 规格/编号 | 单位 | 数量 | 备　注 |
|---|---|---|---|---|---|
| 1 | 人体后备保护绝缘绳 | | 根 | 1 | |
| 2 | 导电鞋 | | 双 | 2 | |
| 3 | 安全带 | | 套 | 2 | |
| 4 | 防坠器 | | 只 | 1 | |
| 5 | 安全帽 | | 顶 | 5 | |
| 6 | 全套屏蔽服 | | 套 | 1 | |

4. 辅助安全用具（见表 5–61）

**表 5–61　　辅 助 安 全 用 具**

| 序号 | 名　称 | 规格/编号 | 单位 | 数量 | 备　注 |
|---|---|---|---|---|---|
| 1 | 绝缘电阻检测仪 | 5000V | 块 | 1 | 电极宽 2cm，极间距 2cm |
| 2 | 防潮苫布 | | 块 | 1 | |
| 3 | 工具袋 | | 只 | 3 | |
| 4 | 风速风向仪 | | 块 | 1 | |
| 5 | 温湿度表 | | 块 | 1 | |
| 6 | 对讲机 | | 对 | 1 | |
| 7 | 万用表 | | 块 | 1 | |

## 五、危险点分析及预控措施

危险点分析及预控措施见表 5–62。

**表 5–62** 危险点分析及预控措施

<table>
<tr><th>序号</th><th>危　险　点</th><th colspan="3">控制及防范措施</th></tr>
<tr><td>1</td><td>误登杆塔</td><td colspan="3">登塔前必须仔细核对线路双重命名、杆塔号，确认无误后方可上塔</td></tr>
<tr><td>2</td><td>高空坠落</td><td colspan="3">登塔时应手抓牢固构件，并使用防坠装置；塔上作业应正确使用绝缘安全带</td></tr>
<tr><td>3</td><td>高空落物</td><td colspan="3">塔上人员应避免落物，地面人员不得在作业点正下方逗留，全体作业人员应正确佩戴安全帽</td></tr>
<tr><td rowspan="5">4</td><td rowspan="5">触电伤害</td><td>安全距离</td><td>110kV</td><td>220kV</td></tr>
<tr><td>塔上地电位人员与带电体、等电位人员与接地体之间要保持安全距离</td><td>1.0m</td><td>1.8m</td></tr>
<tr><td>进入等电位时，要保持的组合间隙距离</td><td>1.2m</td><td>2.1m</td></tr>
<tr><td>绝缘承力工具、绝缘绳索最小有效绝缘长度</td><td>1.0m</td><td>1.8m</td></tr>
<tr><td colspan="3">塔上人员必须穿戴全套合格屏蔽服和导电鞋</td></tr>
<tr><td>5</td><td>工具脱落</td><td colspan="3">软梯挂好后，要确认梯头已封口方可攀登</td></tr>
</table>

## 六、作业步骤

（1）工作负责人向调度部门申请开工。内容为：本人为工作负责人×××，×年×月×日×时到×时在×× kV××线路上带电处理导线异物，须停用线路重合闸装置，若遇线路跳闸，不经联系，不得强送。

（2）全体工作成员列队，工作负责人现场宣读工作票、交代工作任务、安全措施和技术措施；查（问）看作业人员精神状况、着装情况和工器具是否完好齐全。确认天气情况、危险点和预防措施，明确作业分工以及安全注意事项。

（3）地面电工采用绝缘电阻表检测绝缘工具的绝缘电阻，检查金属工具、个人防护用具等工具是否完好齐全。

（4）等电位和塔上电工正确穿着个人防护用具，并检查各部位是否连接良好。

（5）塔上电工带传递绳登塔至导线横担处，系挂好安全带，并挂好绝缘传递绳。用传递上的绝缘操作杆挂好软梯跟头滑车。地面电工试冲击软梯悬挂情况，无误后将软梯拉至导线损伤附近，塔上电工松出控制绳。

（6）等电位电工系好防坠保护绳，地面电工控制防坠保护绳，等电位电工登软梯至导线下方 0.3m 处，报经工作负责人同意后进入电场。

（7）等电位电工登上导线并系挂好安全带后，解开防坠保护绳（随后作绝缘传递绳用），携带绝缘传递绳滑动软梯至作业点。

（8）若漂浮物对地或对邻相距离较小有危险度时，等电位电工采用绝缘操作杆带金属钩刀拟中间电位法割、拉处理导线上异物。

（9）等电位电工将绝缘操作杆传递下地面，系好防坠保护绳后，解开安全带沿绝缘梯回到地面。

（10）地面电工拆除绝缘软梯后，将软梯跟头滑车拉向杆塔边，塔上电工拆除跟头滑车传递至地面。

（11）塔上电工检查确认塔上无遗留工具后，报经工作负责人同意后携带绝缘传递绳下塔。

（12）地面电工整理所用工器具和清理现场，工作负责人清点工器具。

（13）工作负责人向调度汇报。内容为：本人为工作负责人×××，××kV××线路带电处理导线异物工作已结束，杆塔上人员已撤离，杆塔、导线上无遗留物，线路设备已恢复，可恢复重合闸。

## 七、工艺质量要求

工艺质量要求见表5–63。

**表5–63　　工艺质量要求**

| 序号 | 作业工序和内容 | 工艺标准和安全要求 |
|---|---|---|
| 1 | 工器具外观检查、绝缘工具电阻检测。等电位和塔上电工正确穿着个人防护用具，并检查各部位是否连接良好 | 工具摆放在防潮苫布上，摆放整齐，外观检查全面、不漏检，用干燥、清洁的毛巾对绝缘工具进行清洁，用绝缘检测仪对绝缘工具进行绝缘电阻检测，确认绝缘电阻合格。作业人员不得裸手持或拿绝缘工具 |
| 2 | 登塔电工及等电位电工进行绝缘安全带、防坠器外观及冲击试验检查，杆塔外观、周围环境、防坠轨道及基础检查，核对线路双重命名、杆塔号 | 绝缘安全带、防坠器外观及冲击检查合格，杆塔外观、周围环境、防坠轨道完好，杆塔基础合格无裂缝，线路双重命名正确，并向工作负责人汇报清楚 |
| 3 | 塔上电工携带绝缘传递绳登塔至横担适宜处挂好 | 登塔前应获得工作负责人的许可，登塔时不得失去防坠器的保护，攀爬熟练，不打滑，绳索避免被绊住，人员重心稳定，换位不能失去安全带的保护。绝缘传递绳固定的位置合适牢靠 |
| 4 | 地面电工将软梯跟头滑车传递给塔上电工，塔上电工用绝缘操作杆将软梯跟头滑车挂在导线上 | 保持绝缘操作杆有效绝缘长度不小于2.1m |
| 5 | 地面电工提升悬挂绝缘软梯，塔上电工用绝缘操作杆钩上软梯绝缘控制绳。地面电工试冲击软梯悬挂情况，无误后将软梯拉至导线损伤附近，塔上电工松出控制绳 | 地面电工在悬挂软梯后应进行3次冲击试验检查，检查合格后方可登梯；保持绝缘操作杆有效绝缘长度不小于2.1m |
| 6 | 等电位电工系好防坠后备保护绳，检查扣环得到工作负责人同意后，登软梯进入电场，系好安全带后进行导线异物清除作业 | 等电位电工攀登软梯至软梯头下方0.3m左右，向工作负责人申请等电位，得到工作负责人同意后快速抓住软梯头进入电场 |
| 7 | 若漂浮物对地或对邻相距离较小有危险度时，等电位电工采用绝缘操作杆带金属钩刀拟中间电位法割、拉处理导线上异物 | 等电位作业人员采用绝缘操作杆带金属钩刀拟中间电位法割、拉处理导线上异物对临相导线要保持2.5m及以上的安全距离 |

续表

| 序号 | 作业工序和内容 | 工艺标准和安全要求 |
|---|---|---|
| 8 | 等电位电工系好防坠保护绳后，解开安全带，沿绝缘软梯回落地面，地面电工拆除绝缘软梯 | 等电位电工沿软梯下退至人站直并手抓金属剥头最下端横梁，向工作负责人申请脱离电位，许可后应快速脱离电位 |
| 9 | 绝塔上电工和地面电工配合，将软梯跟头滑车牵拉至横担附近，然后由塔上电工用绝缘操作杆摘除软梯跟头滑车，并用传递绳下传至地面。检查杆塔上无遗留物；下塔返回地面；工作负责人严格监护 | 塔上电工与地面电工配合，将跟斗滑车拉至横担附近，并用操作杆摘除跟斗滑车，作业时保持绝缘操作杆有效绝缘长度不小于2.1m。确认杆塔上无遗留物；征得工作负责人同意后下塔，下塔时不得抓脚钉，杆塔有防坠装置的，应使用防坠装置，下塔过程中，双手不得持带任何工具物品等；监护人专责监护 |
| 10 | 清理地面工作现场；工作负责人全面检查工作完成情况，确认无误后签字撤离现场；工作负责人向调度（工作联系人）汇报，履行工作终结手续 | 确认工器具均已收齐，工作现场做到"工完、料净、场地清"；及时向调度（工作许可人）汇报，恢复重合闸 |

# 第六章 500kV带电作业项目标准化操作流程

## 模块1 等电位更换耐张串导线侧单片绝缘子

### 一、概况

本作业项目采用等电位与地电位配合作业，采用卡具法更换500kV线路双联耐张串导线侧第一片绝缘子的作业方法，因导线侧第一片绝缘子在更换时比中间单片绝缘子使用的工具复杂，属于更换耐张单片绝缘子中难度较大的作业。

### 二、人员组合

本作业项目工作人员共计7名。其中工作负责人（监护人）1名、等电位电工1名，地电位电工1名，地面电工4名。

### 三、材料配备

材料配备见表6-1。

表6-1 材料配备

| 序号 | 名称 | 规格 | 单位 | 数量 |
|---|---|---|---|---|
| 1 | 绝缘子 | 与所需更换绝缘子一致 | 片 | |

### 四、工器具配备

1. 绝缘工具（见表6-2）

表6-2 绝缘工具

| 序号 | 名称 | 规格/编号 | 单位 | 数量 | 备注 |
|---|---|---|---|---|---|
| 1 | 传递用绝缘绳 | $\phi$10mm | 根 | 2 | |
| 2 | 绝缘滑车 | 0.5t | 个 | 2 | |

续表

| 序号 | 名　　称 | 规格/编号 | 单位 | 数量 | 备　　注 |
|---|---|---|---|---|---|
| 3 | 绝缘软梯 | $\phi$14mm | 部 | 1 | |
| 4 | 绝缘操作杆 | 视电压等级 | 根 | 1 | |

**注**　绝缘工具绝缘工器具的机械及电气强度均应满足安规要求，周期预防性及检查性试验合格。

2. 金属工具（见表 6–3）

**表 6–3　　金　属　工　具**

| 序号 | 名　　称 | 规格/编号 | 单位 | 数量 | 备　　注 |
|---|---|---|---|---|---|
| 1 | 翼型卡后卡 | | 个 | 1 | |
| 2 | 双头丝杠 | | 根 | 2 | |
| 3 | 闭丝卡上卡 | | 把 | 1 | |
| 4 | 专用接头 | | 个 | 2 | |
| 5 | 金属软梯头 | | 个 | 1 | |
| 6 | 瓷质绝缘子检测装置 | | 块 | 1 | 瓷质绝缘子用 |

3. 个人防护用具（见表 6–4）

**表 6–4　　个 人 防 护 用 具**

| 序号 | 名　　称 | 规格/编号 | 单位 | 数量 | 备　　注 |
|---|---|---|---|---|---|
| 1 | 人体后备保护绝缘绳 | $\phi$14mm | 根 | 1 | |
| 2 | 导电鞋 | | 双 | 1 | |
| 3 | 安全带 | | 条 | 2 | |
| 4 | 安全帽 | | 顶 | 5 | |
| 5 | 全套屏蔽服 | Ⅱ型 | 套 | 2 | |

4. 辅助安全用具（见表 6–5）

**表 6–5　　辅 助 安 全 用 具**

| 序号 | 名　　称 | 规格/编号 | 单位 | 数量 | 备　　注 |
|---|---|---|---|---|---|
| 1 | 绝缘电阻检测仪 | 5000V | 块 | 1 | 电极宽 2cm，极间距 2cm |
| 2 | 防潮苫布 | 2m×4m | 块 | 1 | |
| 3 | 工具袋 | | 只 | 3 | |
| 4 | 风速风向仪 | | 块 | 1 | |
| 5 | 温湿度表 | | 块 | 1 | |
| 6 | 对讲机 | | 对 | 1 | |
| 7 | 万用表 | | 块 | 1 | |

## 五、危险点分析及预控措施

危险点分析及预控措施见表 6–6。

**表 6–6　　　　危险点分析及预控措施**

| 序号 | 危　险　点 | 控制及防范措施 |
| --- | --- | --- |
| 1 | 高空坠落 | （1）攀登杆塔前检查脚钉是否可靠。<br>（2）高空作业正确使用安全带，转位作业不得失去安全带保护。<br>（3）禁止携带器材登杆塔或在杆塔上移位 |
| 2 | 触电伤害 | （1）杆塔上作业人员穿全套合格的屏蔽服，且各点连接良好，测量最远两点之间阻值不大于 20Ω。屏蔽服内穿阻燃内衣。<br>（2）带电作业工具使用前，仔细检查确认没有损坏、受潮、变形、失灵，否则禁止使用。<br>（3）绝缘工具，绳索有效绝缘长度不小于 3.7m。<br>（4）等电位人员对接地体、地电位作业人员对带电体必须保持 3.4m 以上安全距离。<br>（5）沿绝缘子串进入强电场时，从接地侧数起作业时尽量少在第 17、18、19 片处停留。<br>（6）等电位作业人员与邻相带电体保证 5m 以上的安全距离。<br>（7）等电位作业人员进出电位过程中组合间隙应保证 4m 以上的安全距离；转移电位时，人体裸露部分距带电体保证 0.4m 以上的安全距离。<br>（8）严禁约时停用或恢复重合闸。<br>（9）带电作业应在天气良好条件下进行，风力大于 5 级或雷雨天气立即停止作业。 |
| 3 | 高空落物 | （1）现场作业人员必须戴好安全帽。<br>（2）杆塔上作业人员要防止掉东西，使用的工具材料等应装在工具袋内，工器具要用绳索传递。<br>（3）作业正下方严禁有人逗留 |
| 4 | 导线脱落 | 转移绝缘子串张力时，应仔细检查卡具各部件受力情况，确定无异常时，方可进行下一步工作 |

## 六、作业步骤

（1）工作负责人向调度部门申请开工，内容为：本人为工作负责人×××，×年×月×日×时至×时在 500kV××线路上带电更换耐张单片绝缘子作业，须停用线路重合闸装置，若遇线路跳闸，不经联系，不得强送。得到调度许可，核对线路双重命名和杆塔号。

（2）全体工作成员列队，工作负责人现场宣读工作票、交代工作任务、安全措施和技术措施；查（问）看作业人员精神状况、着装情况和工器具是否完好齐全。确认天气情况、危险点和预防措施，明确作业分工以及安全注意事项。

（3）地面电工采用绝缘电阻表检测绝缘工具的绝缘电阻，检查金属工具、个人防护用具等是否完好齐全。

（4）等电位和塔上电工正确穿着个人防护用具，并检查各部位是否连接良好。

（5）塔上电工携带绝缘传递绳登塔至地线支架处，系挂好安全带，将绝缘滑车和绝缘传递绳在作业地线支架适当位置安装好。

（6）等电位电工携带绝缘传递绳登塔至横担处，系挂好安全带。

（7）若是盘形瓷质绝缘子时，地面电工将绝缘子检测装置及绝缘操作杆组装好后传递给塔上电工，塔上电工检测复核所要更换绝缘子串的零值绝缘子，当发现同串中零值绝缘子片数不符合带电作业工作要求时，应立即停止检测，并停止本次带电作业工作。

（8）地面电工传递上架空地线专用接地线、绝缘软梯，绝缘软梯头上安装好软梯控制绳。

（9）塔上电工在等电位电工的监护下，在不工作侧将绝缘架空地线可靠接地，随后拆除工作侧绝缘地线的防振锤，然后将软梯头可靠安装在绝缘架空地线上。

（10）等电位电工系好绝缘防坠落绝缘绳，带上绝缘传递绳，在横担处上软梯站好，塔上电工利用软梯头控制绳将绝缘软梯沿绝缘架空地线滑至耐张线夹平行处，报经工作负责人同意后，地面电工利用绝缘软梯尾绳摆动绝缘软梯将等电位电工送入电场。

（11）地面电工将传递闭式卡上卡、翼型卡后卡、双头丝杠至等电位电工作业位置。

（12）等电位电工将安装翼型卡后卡安装在导线侧联板上，闭式卡上卡安装在导线侧第 4 片绝缘子上，并连接好双头丝杠。

（13）等电位电工收双头丝杠，使之稍稍受力后，试冲击检查各受理点有无异常情况。

（14）报经工作负责人同意后，等电位电工取出被换绝缘子的上、下锁紧销，继续收双头丝杠，直至取出绝缘子。

（15）等电位电工用绝缘传递绳系好劣质绝缘子。

（16）地面电工工以新旧绝缘子交替法，将新盘形绝缘子拉至横担上挂好。注意控制好空中上、下两绝缘子的位置，防止发生相互碰撞。

（17）等电位电工换上新盘形绝缘子，复位上、下锁紧销，随后松双头丝杆，检查新盘形绝缘子安装无误，报经工作负责人同意后拆除工具并传递至地面。

（18）等电位电工检查确认导线上无遗留物后，报经工作负责人同意后携带绝缘传递绳登上绝缘软梯站稳。

（19）经工作负责人同意后，地面电工拉好绝缘软梯尾绳配合等电位电工脱离电位。

（20）塔上电工在地线顶架处利用绝缘软梯控制绳将绝缘软梯沿绝缘架空地线拉至横担处。

（21）塔上电工与地面电工配合拆除全部工具，并恢复地线防振锤的安装。

（22）在等电位电工的监护下，塔上电工拆除绝缘地线专用接地线。随后两作业电工下塔。

（23）塔上电工检查确认塔上无遗留工具后，向工作负责人汇报，得到工作负责人同意后携带绝缘传递绳下塔。

（24）地面电工整理所用工器具和清理现场，工作负责人清点工器具。

（25）工作负责人向调度汇报。内容为：本人为工作负责人×××，500kV××线路上带电更换绝缘子工作已结束，杆塔上作业人员已撤离，杆塔、导线上无遗留物，线路设备已恢复，可恢复重合闸。

### 七、工艺质量要求

工艺质量要求见表 6–7。

**表 6–7　　工 艺 质 量 要 求**

| 序号 | 内　　容 |
|---|---|
| 1 | 新绝缘子的规格、型号必须与原绝缘子相同 |
| 2 | 安装时应检查碗头、球头与弹簧销之间的间隙。在安装好弹簧销子的情况下球头不得自碗头中脱出 |
| 3 | 绝缘子串上各种金具的螺栓及弹簧销子应按照原线路设计要求进行安装 |
| 4 | 新绝缘子安装后大口方向应与原朝向一致 |

## 模块 2　等电位更换“V 形”整串绝缘子

### 一、概况

本作业项目采用丝杠法等电位与地电位配合更换±500kV 线路悬垂 V 串整串绝缘子，在直流线路直线杆塔带电更换“V 形”整串绝缘子项目具有典型性。

### 二、人员组合

本作业项目工作人员共计 7 名。其中工作负责人（监护人）1 名、等电位电工 1 名、塔上电工 2 名、地面电工 3 名。

### 三、材料配备

材料配备见表 6–8。

**表 6–8　　材 料 配 备**

| 序号 | 名　称 | 型　号 | 数　量 | 备　注 |
|---|---|---|---|---|
| 1 | 绝缘子 | 与所更换绝缘子相同 | 按实际需求准备 | |

## 四、工器具配备

### 1. 绝缘工具（见表 6–9）

**表 6–9**　　　　　　　　绝　缘　工　具

| 序号 | 名　　称 | 规格/编号 | 单位 | 数量 | 备　　注 |
|---|---|---|---|---|---|
| 1 | 绝缘传递绳 | $\phi$10mm | 根 | 2 | |
| 2 | 绝缘滑车 | 0.5t | 个 | 1 | |
| 3 | 绝缘滑车 | 1t | 个 | 1 | |
| 4 | 绝缘软梯 | $\phi$14mm | 副 | 1 | |
| 5 | 导线绝缘后备保护绳 | $\phi$32mm | 根 | 1 | |
| 6 | 托瓶架 | | 套 | 1 | |
| 7 | 绝缘操作杆 | | 套 | 1 | |
| 8 | 绝缘磨绳 | $\phi$18mm | 根 | 1 | |
| 9 | 绝缘千斤 | | 根 | 2 | |
| 10 | 绝缘吊杆 | $\phi$32mm | 套 | 1 | |

注　绝缘工具绝缘工器具的机械及电气强度均应满足安规要求，周期预防性及检查性试验合格。

### 2. 金属工具（见表 6–10）

**表 6–10**　　　　　　　　金　属　工　具

| 序号 | 名　　称 | 规格/编号 | 单位 | 数量 | 备　　注 |
|---|---|---|---|---|---|
| 1 | V 串导线四钩卡 | | 个 | 1 | |
| 2 | 导线侧联板卡具 | | 根 | 2 | |
| 3 | 机动绞磨 | | 把 | 1 | |
| 4 | 专用横担卡具 | | 个 | 2 | |
| 5 | 瓷质绝缘子检测装置 | | 块 | 1 | 瓷质绝缘子用 |

### 3. 个人防护用具（见表 6–11）

**表 6–11**　　　　　　　　个　人　防　护　用　具

| 序号 | 名　　称 | 规格/编号 | 单位 | 数量 | 备　　注 |
|---|---|---|---|---|---|
| 1 | 人体后备保护绝缘绳 | $\phi$14mm | 根 | 3 | |
| 2 | 导电鞋 | | 双 | 2 | |
| 3 | 安全带 | | 条 | 3 | |
| 4 | 安全帽 | | 顶 | 7 | |
| 5 | 全套屏蔽服 | Ⅱ型 | 套 | 5 | |

4. 辅助安全用具（见表 6–12）

表 6–12　　　　辅 助 安 全 用 具

| 序号 | 名　　称 | 规格/编号 | 单位 | 数量 | 备　　注 |
|---|---|---|---|---|---|
| 1 | 绝缘电阻检测仪 | 5000V | 块 | 1 | 电极宽 2cm，极间距 2cm |
| 2 | 防潮苫布 | 2m×4m | 块 | 2 | |
| 3 | 工具袋 | | 只 | 3 | |
| 4 | 风速风向仪 | | 块 | 1 | |
| 5 | 温湿度表 | | 块 | 1 | |
| 6 | 对讲机 | | 对 | 1 | |
| 7 | 万用表 | | 块 | 1 | |

## 五、危险点分析及预控措施

危险点分析及预控措施见表 6–13。

表 6–13　　　　危险点分析及预控措施

| 序号 | 危　险　点 | 安全控制措施 |
|---|---|---|
| 1 | 高空坠落 | （1）攀登杆塔前检查脚钉是否可靠。<br>（2）高空作业正确使用安全带，转位作业不得失去安全带保护。<br>（3）等电位电工必须使用后备绳与横担连接，不得使用短安全带与导线连接；后备绳应挂在牢固的构件上并应防止被锋利物割伤。<br>（4）禁止携带器材登杆塔或在杆塔上移位 |
| 2 | 触电伤害 | （1）杆塔上作业人员穿全套合格的屏蔽服，且各点连接良好，测量最远两点之间阻值不大于 20Ω。屏蔽服内穿阻燃内衣。<br>（2）带电作业工具使用前，仔细检查确认没有损坏、受潮、变形、失灵，否则禁止使用。<br>（3）绝缘工具，绳索有效绝缘长度不小于 3.7m。<br>（4）等电位人员对接地体、地电位作业人员对带电体必须保持 3.4m 以上安全距离。<br>（5）等电位作业人员与邻相带电体保证 5m 以上的安全距离。<br>（6）等电位作业人员进出电位过程中组合间隙应保证 4m 以上的安全距离；转移电位时，人体裸露部分距带电体保证 0.4m 以上的安全距离。<br>（7）严禁约时停用或恢复重合闸。<br>（8）带电作业应在天气良好条件下进行，风力大于 5 级或雷雨天气立即停止作业 |
| 3 | 高空落物 | （1）现场作业人员必须戴好安全帽。<br>（2）杆塔上作业人员要防止掉东西，使用的工具材料等应装在工具袋内，工器具要用绳索传递，作业正下方严禁有人逗留 |
| 4 | 导线脱落 | （1）转移张力前，应有防止导线脱落的后备保护措施。<br>（2）转移导线张力时，应随时检查各部件受力情况，确定无异常时，方可进行下一步工作 |

## 六、作业步骤

（1）工作负责人向调度部门申请开工，内容为：本人为工作负责人×××，×年×月×日×时至×时在±500kV××线路上带电更换悬垂绝缘子串作业，须停用线路自动再启动装置，若遇线路跳闸，不经联系，不得强送。得到调度许可，核对线路双重命名和杆塔号。

（2）全体工作成员列队，工作负责人现场宣读工作票、交代工作任务、安全措施和技术措施；查（问）看作业人员精神状况、着装情况和工器具是否完好齐全。确认天气情况、危险点和预防措施，明确作业分工以及安全注意事项。

（3）地面电工采用绝缘电阻表检测绝缘工具的绝缘电阻，检查金属工具、个人防护用具等是否完好齐全。

（4）地面电工正确布置施工现场，合理放置机动绞磨。

（5）等电位和塔上电工正确穿着个人防护用具，并检查各部位是否连接良好。

（6）塔上电工必须穿着静电防护服、导电鞋。

（7）塔上 1 号电工携带绝缘传递绳登塔至横担处，系挂好安全带，将绝缘滑车和绝缘传递绳在作业横担适当位置安装好，塔上 2 号电工随后登塔。

（8）若是盘形瓷质绝缘子时，地面电工将绝缘子检测装置及绝缘操作杆组装好后传递给塔上电工，塔上电工检测复核所要更换绝缘子串的零值绝缘子，当发现同串中零值绝缘子片数不符合带电作业工作要求时，应立即停止检测，并停止本次带电作业工作。

（9）等电位电工登塔至塔身与下曲背连接处，地面电工传递软梯头及绝缘软梯至下子导线位置，等电位电工控制好绝缘软梯与地面电工配合将软梯安装在单根子导线上。

（10）地面电工传递高强度绝缘保护绳给塔上 1 号电工，塔上 1 号电工将绝缘保护绳放至等电位电工，等电位电工打好高强度绝缘保护绳。

（11）等电位电工由下曲背连接处上绝缘软梯站好，地面电工慢慢松绝缘传递绳，让软梯头及绝缘软梯沿下子导线向外滑至距塔身大于 1.5m 处。

（12）塔上 1 号电工拉紧绝缘防坠落保护绳，配合等电位电工沿软梯上到头部距下子导线 500mm 位置后停下，通知工作负责人，得到工作负责人许可后等电位电工进入电位。

（13）等电位电工进入等电位后，不能将安全带系在上子导线上，在高强度绝缘保护绳的保护下进行其他检修作业。

（14）地面电工将专用横担卡具、绝缘吊杆、V 串导线四钩卡、联板卡具分别传递给塔上 1 号、2 号电工和等电位电工工作位置，塔上 1 号、2 号电工和等电位电工配合将绝缘子更换工具安装在被更换侧三角联板和导线上。

（15）地面电工将导线绝缘后备保护绳传递到工作位置。塔上 1 号、2 号电工和等电位电工配合将导线后备保护可靠地安装在导线和横担或塔身之间，且塔身、导线后备保护绳控制裕度（长度）适当，确保更换卡具失灵后带电导线与塔身的安全距离。

（16）地面电工将绝缘磨绳、绝缘子串尾绳分别传递给塔上 1 号电工和等电位电工。

（17）塔上 1 号电工将绝缘磨绳安装在横担上，等电位电工将绝缘子串尾绳安装在导线侧第 1 片绝缘子上。

（18）塔上 2 号电工收紧 V 串四钩卡丝杆，使更换串绝缘子松弛，等电位电工手抓 V 串四钩卡冲击检查无误后，拆除碗头螺栓与四联板的连接。

（19）塔上 2 号电工将磨绳绑扎在第 3 片绝缘子，地面电工拉紧托瓶架绝缘绳，塔上 2 号电工拔掉球头挂环与第 1 片绝缘子处的锁紧销，脱开球头耳环与第 1 片绝缘子处的连接，地面电工松托瓶架绳使绝缘子串摆至自然垂直。

（20）地面电工松机动绞磨，另一地面电工拉好绝缘子串尾绳，配合将绝缘子串放至地面。

（21）地面电工将绝缘磨绳和绝缘子串尾绳分别转移到新绝缘子串上。

（22）地面电工起动机动绞磨。将新绝缘子串传递至塔上电工 2 号工作位置，塔上 2 号电工恢复新绝缘子与球头挂环的连接，并复位锁紧销。

（23）地面电工与等电位电工配合将绝缘子串拉至导线处并恢复碗头挂板与联板处的连接，等电位电工装好碗头螺栓上的开口销。

（24）等电位电工检查确认导线上连接完好后，经工作负责人同意后，塔上电工和等电位电工配合拆除全部更换工具并传递下塔。

（25）等电位电工检查确认导线上无遗留物后，向工作负责人汇报，得到工作负责人同意后等电位电工退出电位，与塔上 2 号电工下塔。

（26）塔上 1 号电工检查确认塔上无遗留物，报经工作负责人得到同意后携带绝缘传递绳下塔。

（27）地面电工整理所用工器具和清理现场，工作负责人清点工器具。

（28）工作负责人向调度汇报。内容为：本人为工作负责人×××，±500kV ××线路更换悬垂绝缘子串工作已结束，杆塔上作业人员已撤离，杆塔、导线上无遗留物，线路设备已恢复，可恢复再启动保护装置。

## 七、工艺质量要求

工艺质量要求见表 6–14。

**表 6–14　　　工 艺 质 量 要 求**

| 序号 | 内　容 |
|---|---|
| 1 | 新绝缘子的规格、型号必须与原绝缘子相同 |
| 2 | 安装时应检查碗头、球头与弹簧销之间的间隙。在安装好弹簧销子的情况下球头不得自碗头中脱出 |
| 3 | 绝缘子串上各种金具的螺栓及弹簧销子应按照原线路设计要求进行安装 |

续表

| 序号 | 内　容 |
|---|---|
| 4 | 新绝缘子安装后大口方向应与原朝向一致 |
| 5 | 绝缘子串恢复安装后在顺线路方向应垂直地面、受力均匀，其顺线路方向与垂直位置的位移不应超过 5°，最大偏移值不应超过 200mm |

# 模块 3　等电位更换耐张双串中间任意单片绝缘子

## 一、概况

本作业项目采用跨二短三进电场的方法进行等电位作业，利用闭式卡具进行 500kV 双联耐张绝缘子串任意单片绝缘子的更换，是在 500kV 耐张绝缘子串带电检修时常见的检修项目。

## 二、人员组合

本作业项目工作人员共计 4 名。其中工作负责人（监护人）1 名、等电位电工 1 名、地面电工 2 名。

## 三、材料配备

材料配备见表 6–15。

**表 6–15　　材　料　配　备**

| 序号 | 名　　称 | 型　　号 | 数　　量 | 备　　注 |
|---|---|---|---|---|
| 1 | 绝缘子 | 与所更换绝缘子相同 | 1 片 | |

## 四、工器具配备

1. 绝缘工具（见表 6–16）

**表 6–16　　绝　缘　工　具**

| 序号 | 名　　称 | 规格/编号 | 单位 | 数量 | 备　　注 |
|---|---|---|---|---|---|
| 1 | 绝缘传递绳 | $\phi$10mm | 根 | 2 | |
| 2 | 绝缘滑车 | 0.5t | 个 | 1 | |
| 3 | 绝缘操作杆 | | 套 | 1 | |

注　绝缘工具绝缘工器具的机械及电气强度均应满足安规要求，周期预防性及检查性试验合格。

2. 金属工具（见表 6–17）

**表 6–17　　金　属　工　具**

| 序号 | 名　　称 | 规格/编号 | 单位 | 数量 | 备　　注 |
|---|---|---|---|---|---|
| 1 | 闭式卡 |  | 套 | 1 |  |
| 2 | 双头丝杠 |  | 根 | 2 |  |
| 3 | 瓷质绝缘子检测装置 |  | 个 | 1 |  |

3. 个人防护用具（见表 6–18）

**表 6–18　　个 人 防 护 用 具**

| 序号 | 名　　称 | 规格/编号 | 单位 | 数量 | 备　　注 |
|---|---|---|---|---|---|
| 1 | 人体后备保护绝缘绳 | $\phi$14mm×9m | 根 | 1 |  |
| 2 | 导电鞋 |  | 双 | 1 |  |
| 3 | 安全带 |  | 条 | 1 |  |
| 4 | 安全帽 |  | 顶 | 4 |  |
| 5 | 全套屏蔽服 | Ⅱ型 | 套 | 1 |  |

4. 辅助安全用具（见表 6–19）

**表 6–19　　辅 助 安 全 用 具**

| 序号 | 名　　称 | 规格/编号 | 单位 | 数量 | 备　　注 |
|---|---|---|---|---|---|
| 1 | 绝缘电阻检测仪 | 5000V | 块 | 1 | 电极宽 2cm，极间距 2cm |
| 2 | 防潮苫布 | 2m×4m | 块 | 2 |  |
| 3 | 工具袋 |  | 只 | 3 |  |
| 4 | 风速风向仪 |  | 块 | 1 |  |
| 5 | 温湿度表 |  | 块 | 1 |  |
| 6 | 万用表 |  | 块 | 1 |  |

## 五、危险点分析及预控措施

危险点分析及预控措施见表 6–20。

**表 6–20　　危险点分析及预控措施**

| 序号 | 危　险　点 | 安全控制措施 |
|---|---|---|
| 1 | 高空坠落 | （1）攀登杆塔前检查脚钉是否可靠。<br>（2）高空作业正确使用安全带，转位作业不得失去安全带保护。<br>（3）等电位电工必须使用后备绳与横担连接，不得使用短安全带与导线连接；后备绳应挂在牢固的构件上并应防止被锋利物割伤。<br>（4）禁止携带器材登杆塔或在杆塔上移位 |

续表

| 序号 | 危　险　点 | 安全控制措施 |
|---|---|---|
| 2 | 触电伤害 | （1）杆塔上作业人员穿全套合格的屏蔽服，且各点连接良好，测量最远两点之间阻值不大于 20Ω。屏蔽服内穿阻燃内衣。<br>（2）带电作业工具使用前，仔细检查确认没有损坏、受潮、变形、失灵，否则禁止使用。<br>（3）绝缘工具，绳索有效绝缘长度不小于 3.7m。<br>（4）等电位人员对接地体、地电位作业人员对带电体必须保持 3.4m 以上安全距离。<br>（5）等电位作业人员进出电位过程中组合间隙应保证 4m 以上的安全距离。<br>（6）严禁约时停用或恢复重合闸 |
| 3 | 高空落物 | （1）现场作业人员必须戴好安全帽。<br>（2）杆塔上作业人员要防止掉东西，使用的工具材料等应装在工具袋内，工器具要用绳索传递，作业正下方严禁有人逗留 |
| 4 | 导线脱落 | 转移绝缘子串张力时，应仔细检查卡具各部件受力情况，确定无异常时，方可进行下一步工作 |

## 六、作业步骤

（1）工作负责人向调度部门申请开工，内容为：本人为工作负责人×××，×年×月×日×时至×时在 500kV××线路上带电更换耐张串中间单片绝缘子作业，须停用线路重合闸装置，若遇线路跳闸，不经联系，不得强送。得到调度许可，核对线路双重命名和杆塔号。

（2）全体工作成员列队，工作负责人现场宣读工作票、交代工作任务、安全措施和技术措施；查（问）看作业人员精神状况、着装情况和工器具是否完好齐全。确认天气情况、危险点和预防措施，明确作业分工以及安全注意事项。

（3）地面电工采用绝缘电阻表检测绝缘工具的绝缘电阻，检查金属工具、个人防护用具等是否完好齐全。

（4）等电位和塔上电工正确穿着个人防护用具，并检查各部位是否连接良好。

（5）等电位电工携带绝缘传递绳登塔至横担处，系挂好安全带，将绝缘滑车和绝缘传递绳在作业横担适当位置安装好。

（6）若是盘形瓷质绝缘子时，地面电工将绝缘子检测装置及绝缘操作杆组装好后传递给塔上电工，塔上电工检测复核所要更换绝缘子串的零值绝缘子，当发现同串中零值绝缘子片数不符合带电作业工作要求时，应立即停止检测，并停止本次带电作业工作。

（7）等电位电工系好高强度绝缘保护绳，携带好绝缘传递绳，报经工作负责人同意后，沿绝缘子串进入作业点，进入电位时双手抓扶一串，双脚采另一串，采用跨二短三方法平行移动进到工作位置。

（8）地面电工用绝缘传递绳将闭式卡、双头丝杠传递至等电位电工作业位置。

（9）等电位电工将闭式卡、双头丝杠安装在被更换绝缘子的两侧，并连接好双头丝杠。

（10）等电位电工收双头丝杠，使之稍稍受力后，冲击试验检查各受理点有无异常情况。

（11）报经工作负责人同意后，等电位电工取出被换绝缘子的上、下锁紧销，继续收双头丝杆，直至取出绝缘子。

（12）等电位电工用绝缘传递绳系好劣质绝缘子。

（13）地面电工工以新旧绝缘子交替法，将新盘形绝缘子拉至横担上挂好。注意控制好空中上、下两绝缘子的位置，防止发生相互碰撞。

（14）等电位电工换上新盘形绝缘子，复位上、下锁紧销，1 号电工松双头丝杠，检查新盘形绝缘子安装无误后，报经工作负责人同意后拆除工具并传递至地面。

（15）等电位电工检查确认绝缘子串上无遗留物，报经经工作负责人同意后携带绝缘传递绳沿绝缘子串（需有双保护，安全带和保护绳）退回横担侧。

（16）等电位电工检查确认塔上无遗留物，报经工作负责人同意后携带绝缘传递绳下塔。

（17）地面电工整理所用工器具和清理现场，工作负责人清点工器具。

（18）工作负责人向调度汇报。内容为：本人为工作负责人×××，500kV××线路上更换耐张串中间单片绝缘子工作已结束，杆塔上作业人员已撤离，杆塔、导线上无遗留物，线路设备已恢复，可恢复重合闸。

### 七、工艺质量要求

工艺质量要求见表 6–21。

**表 6–21　　工艺质量要求**

| 序号 | 内　容 |
|---|---|
| 1 | 新绝缘子的规格、型号必须与原绝缘子相同 |
| 2 | 安装时应检查碗头、球头与弹簧销之间的间隙。在安装好弹簧销子的情况下球头不得自碗头中脱出 |
| 3 | 绝缘子串上各种金具的螺栓及弹簧销子应按照原线路设计要求进行安装 |
| 4 | 新绝缘子安装后大口方向应与原朝向一致 |

## 模块 4　地电位更换耐张横担侧单片绝缘子

### 一、概况

本项目采用地电位作业法使用专用卡具，进行带电更换 500kV 耐张串横担侧第一片绝缘子的作业，该项目属于更换耐张单片绝缘子中的特殊情况。

### 二、人员组合

本作业项目工作人员共计 4 名。其中工作负责人（监护人）1 名、塔上电工 1 名、地面电工 2 名。

## 三、材料配备

材料配备见表 6–22。

**表 6–22　　材　料　配　备**

| 序号 | 名　　称 | 型　　号 | 数　　量 | 备　　注 |
|---|---|---|---|---|
| 1 | 绝缘子 | 与所更换绝缘子相同 | 2 片 | |

## 四、工器具配备

1. 绝缘工具（见表 6–23）

**表 6–23　　绝　缘　工　具**

| 序号 | 名　　称 | 规格/编号 | 单位 | 数量 | 备　　注 |
|---|---|---|---|---|---|
| 1 | 绝缘传递绳 | $\phi$10mm | 根 | 1 | |
| 2 | 绝缘滑车 | 0.5t | 个 | 1 | |
| 3 | 绝缘操作杆 | 500kV | 根 | 1 | |

注　绝缘工具绝缘工器具的机械及电气强度均应满足安规要求，周期预防性及检查性试验合格。

2. 金属工具（见表 6–24）

**表 6–24　　金　属　工　具**

| 序号 | 名　　称 | 规格/编号 | 单位 | 数量 | 备　　注 |
|---|---|---|---|---|---|
| 1 | 闭式卡下卡 | | 个 | 1 | |
| 2 | 翼型卡前卡 | | 个 | 1 | |
| 3 | 双头丝杠 | | 根 | 2 | |
| 4 | 专用接头 | | 个 | 2 | |
| 5 | 瓷质绝缘子检测装置 | | 个 | 1 | 瓷质绝缘子时用 |

3. 个人防护用具（见表 6–25）

**表 6–25　　个　人　防　护　用　具**

| 序号 | 名　　称 | 规格/编号 | 单位 | 数量 | 备　　注 |
|---|---|---|---|---|---|
| 1 | 人体后备保护绝缘绳 | $\phi$14mm×9m | 根 | 1 | |
| 2 | 导电鞋 | | 双 | 1 | |
| 3 | 安全带 | | 条 | 1 | |
| 4 | 安全帽 | | 顶 | 4 | |
| 5 | 全套屏蔽服 | Ⅱ型 | 套 | 1 | |

4. 辅助安全用具（见表 6–26）

表 6–26　　　　辅助安全用具

| 序号 | 名　　称 | 规格/编号 | 单位 | 数量 | 备　　注 |
|---|---|---|---|---|---|
| 1 | 绝缘电阻检测仪 | 5000V | 块 | 1 | 电极宽 2cm，极间距 2cm |
| 2 | 防潮苫布 | 2m×4m | 块 | 2 | |
| 3 | 工具袋 | | 只 | 3 | |
| 4 | 风速风向仪 | | 块 | 1 | |
| 5 | 温湿度表 | | 块 | 1 | |
| 6 | 万用表 | | 块 | 1 | |

## 五、危险点分析及预控措施

危险点分析及预控措施见表 6–27。

表 6–27　　　　危险点分析及预控措施

| 序号 | 危　险　点 | 安全控制措施 |
|---|---|---|
| 1 | 高空坠落 | （1）攀登杆塔前检查脚钉是否可靠。<br>（2）高空作业正确使用安全带，转位作业不得失去安全带保护。<br>（3）人体后备保护绝缘绳应挂在牢固的构件上并应防止被锋利物割伤。<br>（4）禁止携带器材登杆塔或在杆塔上移位 |
| 2 | 触电伤害 | （1）杆塔上作业人员穿全套合格的屏蔽服，且各点连接良好，测量最远两点之间阻值不大于 20Ω。屏蔽服内穿阻燃内衣。<br>（2）带电作业工具使用前，仔细检查确认没有损坏、受潮、变形、失灵，否则禁止使用。<br>（3）绝缘工具，绳索有效绝缘长度不小于 3.7m |
| 3 | 高空落物 | （1）现场作业人员必须戴好安全帽。<br>（2）杆塔上作业人员要防止掉东西，使用的工具材料等应装在工具袋内，工器具要用绳索传递，作业正下方严禁有人逗留 |
| 4 | 导线脱落 | （1）转移张力前，应有防止导线脱落的后备保护措施。<br>（2）转移导线张力时，应随时检查各部件受力情况，确定无异常时，方可进行下一步工作 |

## 六、作业步骤

（1）工作负责人向调度部门申请开工，内容为：本人为工作负责人×××，×年×月×日×时至×时在 500kV××线路上带电更换耐张串横担侧第一片绝缘子作业，须停用线路重合闸装置，若遇线路跳闸，不经联系，不得强送。得到调度许可，核对线路双重命名和杆塔号。

（2）全体工作成员列队，工作负责人现场宣读工作票、交代工作任务、安全措施和技术措施；查（问）看作业人员精神状况、着装情况和工器具是否完好齐全。确认天气

情况、危险点和预防措施，明确作业分工以及安全注意事项。

（3）地面电工采用绝缘电阻表检测绝缘工具的绝缘电阻，检查金属工具、个人防护用具等是否完好齐全。

（4）塔上电工必须穿着静电防护服、导电鞋。

（5）塔上电工携带绝缘传递绳登塔至横担处，系挂好安全带，将绝缘滑车和绝缘传递绳在作业横担适当位置安装好。

（6）若是盘形瓷质绝缘子时，地面电工将绝缘子检测装置及绝缘操作杆组装好后传递给塔上电工，塔上电工检测复核所要更换绝缘子串的零值绝缘子，当发现同串中零值绝缘子片数不符合带电作业工作要求时，应立即停止检测，并停止本次带电作业工作。

（7）地面电工传递翼型卡前卡、双头丝杠、闭式卡下卡至塔上电工作业位置。

（8）塔上电工先利用牵引板安装翼型卡后卡，后将闭式卡下卡安装在横担侧第 4 片绝缘子上，并连接双头丝杆。

（9）塔上电工收双头丝杠，使之稍受力后，检查各受力点有无异常情况。

（10）报经工作负责人同意后，塔上电工取出被换绝缘子的上、下锁紧销，继续收双头丝杠，直至取出绝缘子。

（11）塔上电工用绝缘传递绳系好劣质绝缘子。

（12）地面电工以新旧绝缘子交替法，将新盘形绝缘子拉至横担上作业位置。注意控制好空中上、下两串绝缘子的位置，防止发生相互碰撞。

（13）塔上电工换上新盘形绝缘子，并复位上、下锁紧销，1 号电工松双头丝杠，检查新盘形绝缘子安装无误后，报经工作负责人同意后拆除更换工具并传递至地面。

（14）杆塔上电工检查确认塔上无遗留物后，报经工作负责人同意后携带绝缘传递绳下塔。

（15）地面电工整理所用工器具和清理现场，工作负责人清点工器具。

（16）工作负责人向调度汇报。内容为：本人为工作负责人×××，500kV×××线路上更换带电更换耐张串横担侧第一片绝缘子作业工作已结束，杆塔上作业人员已撤离，杆塔、导线上无遗留物，线路设备已恢复，可恢复重合闸。

## 七、工艺质量要求

工艺质量要求见表 6–28。

**表 6–28　　工 艺 质 量 要 求**

| 序号 | 内　容 |
|---|---|
| 1 | 新绝缘子的规格、型号必须与原绝缘子相同 |
| 2 | 安装时应检查碗头、球头与弹簧销之间的间隙。在安装好弹簧销子的情况下球头不得自碗头中脱出 |

续表

| 序号 | 内　　容 |
|---|---|
| 3 | 绝缘子串上各种金具的螺栓及弹簧销子应按照原线路设计要求进行安装 |
| 4 | 新绝缘子安装后大口方向应与原朝向一致 |

## 模块5　等电位更换耐张双联任意整串绝缘子

### 一、概况

本项目采用等电位和地电位配合作业的方法，带电更换500kV耐张双联任意整串绝缘子的作业，此项目需要配置的工具和人员较多，一般在其他方法无法完成检修作业时，才建议采用此方法。

### 二、人员组合

本作业项目工作人员共计8名。其中工作负责人（监护人）1名、等电位电工1名、塔上电工2名、地面电工4名。

### 三、材料配备

材料配备见表6–29。

**表6–29　　材　料　配　备**

| 序号 | 名　　称 | 型　　号 | 数　　量 | 备　　注 |
|---|---|---|---|---|
| 1 | 绝缘子 | 与所更换绝缘子相同 | 按实际需求准备 | |

### 四、工器具配备

1. 绝缘工具（见表6–30）

**表6–30　　绝　缘　工　具**

| 序号 | 名　　称 | 规格/编号 | 单位 | 数量 | 备　　注 |
|---|---|---|---|---|---|
| 1 | 绝缘传递绳 | $\phi$10mm | 根 | 2 | |
| 2 | 绝缘软梯 | $\phi$14mm×15m | 副 | 1 | |
| 3 | 绝缘滑车 | 0.5t | 个 | 1 | |
| 4 | 绝缘拉杆 | $\phi$32mm | 套 | 1 | |
| 5 | 绝缘磨绳 | $\phi$18mm | 根 | 1 | |

续表

| 序号 | 名　称 | 规格/编号 | 单位 | 数量 | 备　注 |
|---|---|---|---|---|---|
| 6 | 绝缘滑车 | 1t | 个 | 1 | |
| 7 | 绝缘操作杆 | 500kV | 套 | 1 | |

注　绝缘工具绝缘工器具的机械及电气强度均应满足安规要求，周期预防性及检查性试验合格。

## 2. 金属工具（见表 6–31）

**表 6–31　　金 属 工 具**

| 序号 | 名　称 | 规格/编号 | 单位 | 数量 | 备　注 |
|---|---|---|---|---|---|
| 1 | YK50 翼型卡 | | 套 | 1 | |
| 2 | 支撑滑车 | | 个 | 1 | |
| 3 | 软梯挂头 | | 个 | 1 | |
| 4 | 张力转移器 | | 套 | 1 | |
| 5 | 小闭式卡 | | 个 | 1 | |
| 6 | 机动绞磨 | | 台 | 1 | |
| 7 | 钢丝千斤 | | 根 | 4 | |
| 8 | 专用接头 | | 个 | 2 | |
| 9 | 瓷质绝缘子检测装置 | | 个 | 1 | 瓷质绝缘子时用 |

## 3. 个人防护用具（见表 6–32）

**表 6–32　　个 人 防 护 用 具**

| 序号 | 名　称 | 规格/编号 | 单位 | 数量 | 备　注 |
|---|---|---|---|---|---|
| 1 | 人体后备保护绝缘绳 | $\phi$14mm×9m | 根 | 2 | |
| 2 | 导电鞋 | | 双 | 2 | |
| 3 | 安全带 | | 条 | 3 | |
| 4 | 安全帽 | | 顶 | 8 | |
| 5 | 全套屏蔽服 | Ⅱ型 | 套 | 2 | |

## 4. 辅助安全用具（见表 6–33）

**表 6–33　　辅 助 安 全 用 具**

| 序号 | 名　称 | 规格/编号 | 单位 | 数量 | 备　注 |
|---|---|---|---|---|---|
| 1 | 绝缘电阻检测仪 | 5000V | 块 | 1 | 电极宽 2cm，极间距 2cm |
| 2 | 防潮苫布 | 2m×4m | 块 | 2 | |
| 3 | 对讲机 | | 对 | 1 | |

续表

| 序号 | 名　　称 | 规格/编号 | 单位 | 数量 | 备　　注 |
|---|---|---|---|---|---|
| 4 | 工具袋 | | 个 | 3 | |
| 5 | 风速风向仪 | | 块 | 1 | |
| 6 | 温湿度表 | | 块 | 1 | |
| 7 | 万用表 | | 块 | 1 | |

## 五、危险点分析及预控措施

危险点分析及预控措施见表6–34。

**表6–34　　　　危险点分析及预控措施**

| 序号 | 危　险　点 | 安全控制措施 |
|---|---|---|
| 1 | 高空坠落 | （1）攀登杆塔前检查脚钉是否可靠。<br>（2）高空作业正确使用安全带，转位作业不得失去安全带保护。<br>（3）等电位电工必须使用后备绳与横担连接，不得使用短安全带与导线连接；后备绳应挂在牢固的构件上并应防止被锋利物割伤。<br>（4）禁止携带器材登杆塔或在杆塔上移位 |
| 2 | 触电伤害 | （1）杆塔上作业人员穿全套合格的屏蔽服，且各点连接良好，测量最远两点之间阻值不大于20Ω。屏蔽服内穿阻燃内衣。<br>（2）带电作业工具使用前，仔细检查确认没有损坏、受潮、变形、失灵，否则禁止使用。<br>（3）绝缘工具，绳索有效绝缘长度不小于3.7m。<br>（4）等电位人员对接地体、地电位作业人员对带电体必须保持3.4m以上安全距离。<br>（5）等电位作业人员转移电位时，人体裸露部分距带电体保证0.4m以上的安全距离。<br>（6）严禁约时停用或恢复重合闸 |
| 3 | 高空落物 | （1）现场作业人员必须戴好安全帽。<br>（2）杆塔上作业人员要防止掉东西，使用的工具材料等应装在工具袋内，工器具要用绳索传递，作业正下方严禁有人逗留 |
| 4 | 导线脱落 | 转移导线张力时，应随时检查各部件受力情况，确定无异常时，方可进行下一步工作 |

## 六、作业步骤

（1）工作负责人向调度部门申请开工，内容为：本人为工作负责人×××，×年×月×日×时至×时在500kV××线路上带电更换耐张整串绝缘子作业，须停用线路重合闸装置，若遇线路跳闸，不经联系，不得强送。得到调度许可，核对线路双重命名和杆塔号。

（2）全体工作成员列队，工作负责人现场宣读工作票、交代工作任务、安全措施和技术措施；查（问）看作业人员精神状况、着装情况和工器具是否完好齐全。确认天气情况、危险点和预防措施，明确作业分工以及安全注意事项。

（3）地面电工采用绝缘电阻表检测绝缘工具的绝缘电阻，检查金属工具、个人防护用具等是否完好齐全。

（4）等电位和塔上电工正确穿着个人防护用具，并检查各部位连接良好。

（5）塔上电工必须穿着静电防护服、导电鞋。

（6）塔上 1 号电工携带绝缘传递绳登塔至横担处，系挂好安全带，将绝缘滑车和绝缘传递绳在作业横担适当位置安装好。

（7）若是盘形瓷质绝缘子时，地面电工将绝缘子检测装置及绝缘操作杆组装好后传递给塔上电工，塔上电工检测复核所要更换绝缘子串的零值绝缘子，当发现同串中零值绝缘子片数不符合带电作业工作要求时，应立即停止检测，并停止本次带电作业工作。

（8）塔上 2 号电工带绝缘传递绳登塔至地线支架处，系挂好安全带，将绝缘滑车和绝缘传递绳在作业地线支架适当位置安装好。

（9）地面电工利用绝缘传递绳将绝缘架空地线专用接地线、绝缘软梯等传递至上地线支架作业位置，软梯头上安装好绝缘软梯控制绳。

（10）塔上2号电工在塔上1号电工的监护下，在不工作侧将绝缘架空地线可靠接地，拆除工作侧地线防振锤，然后将软梯头可靠安装在绝缘架空地线上。

（11）等电位电工系好高强度绝缘保护绳，带上传递绳，在横担处登上绝缘软梯站好，塔上 2 号电工在地线支架处利用软梯头控制绳将绝缘软梯沿绝缘架空地线滑至耐张线夹出口处，地面电工控制绝缘软梯尾绳摆动绝缘软梯将等电位电工送入等电位。

（12）地面电工传递翼型卡前卡至塔上 1 号电工作业位置。

（13）塔上 1 号电工将安装翼型卡前卡安装在横担侧牵引板上。

（14）地面电工起吊翼型卡后卡至等电位电工作业位置。

（15）等电位电工将均压环安装槽钢与三角联板连接处靠绝缘子串侧的两个紧固螺栓拆除，装上翼型卡后卡。

（16）地面电工配合分别传递绝缘拉杆至等电位电工、塔上 1 号电工作业位置，由等电位电工、塔上 1 号电工配合安装翼型卡前、后卡之间。

（17）地面电工控制绝缘反束绳，由等电位电工、塔上 1 号电工配合安装横担侧施工预留孔和导线侧三角处的 U 形环上，等电位电工将绝缘反束绳的端部打在导线侧第 3 片绝缘子上。

（18）地面电工地面起吊张力转移器和小闭式卡至横担位置，由塔上 1 号、2 号电工配合安装在横担和第 1 片绝缘子上。

（19）地面电工传递绝缘子串尾绳至等电位电工作业位置，由等电位电工安装在导线侧第 1 片绝缘子上。

（20）地面电工地面传递上绝缘磨绳，由塔上 1 号电工安装在不更换一侧的牵引板上，绝缘磨绳的端部打在横担侧被更换绝缘子串的第 3 片绝缘子上。

（21）塔上 1 号电工操作翼型卡具上的丝杆，使绝缘拉杆稍稍受力后，检查各受理点无异常情况后，继续收紧丝杆直至绝缘子串与绝缘拉杆间的弧垂 300mm 左右。

（22）塔上 2 号电工收紧张力转移器配合塔上 1 号电工拆开平行板与球头挂环之间的连接，塔上 2 号电工松张力转移器使绝缘子串与绝缘拉杆间的弧垂大于 500mm。

（23）地面电工先将反束绳缠绕上绞磨，拉好绞磨尾绳，起动绞磨收紧绝缘反束绳使之受力，配合等电位电工脱开碗头挂板与三角联板的连接螺栓。

（24）地面电工拉好绝缘子串尾绳，逐渐松机动绞磨的绝缘磨绳，使绝缘子串旋转至自然垂直。

（25）地面电工换上绝缘磨绳，拉好绞磨尾绳，起动绞磨提升绝缘子串，配合塔上 1 号电工脱开张力转移器，地面电工配合将旧绝缘子串放至地面。

（26）地面电工配合起吊新盘形绝缘子串至横担作业位置，塔上 1 号电工在绝缘子串第 1 片绝缘子上安装好张力转移器。

（27）地面电工松出绝缘磨绳换上绝缘反束绳，拉好绞磨尾绳，控制好绝缘子串尾绳，将绝缘子串拉至等电位电工工作业位置，配合等电位电工恢复碗头挂板与三角联板的连接。

（28）等电位电工和塔上电工检查绝缘子串安装无误后，报经工作负责人同意后，塔上 1 号电工松翼型卡丝杆，等电位电工与塔上电工配合拆除全部紧线工具并传递下塔。

（29）等电位电工检查确认导线上无遗留工具后，向工作负责人汇报，得到工作负责人同意后携带绝缘传递绳登上绝缘软梯站稳。

（30）地面电工拉好绝缘软梯尾绳，报经工作负责人同意后等电位电工退出等电位。

（31）塔上 1 号电工利用绝缘软梯控制绳将绝缘软梯沿绝缘架空地线拉至横担处，等电位电工随后下塔。

（32）塔上 2 号电工与地面电工配合拆除全部工具传递下塔，并恢复地线防振锤的安装。

（33）塔上 1 号电工在塔上 2 号电工的严格监护下拆除绝缘架空地线专用接地线。

（34）塔上 1 号电工检查确认塔上无遗留物后，报经工作负责人同意后携带绝缘传递绳下塔。

（35）地面电工整理所用工器具和清理现场，工作负责人清点工器具。

（36）工作负责人向调度汇报。内容为：本人为工作负责人×××，500kV××线路上更换耐张整串绝缘子作业工作已结束，杆塔上作业人员已撤离，杆塔、导线上无遗留物，线路设备已恢复，可恢复重合闸。

## 七、工艺质量要求

工艺质量要求见表 6–35。

**表 6–35　　工 艺 质 量 要 求**

| 序号 | 内　　容 |
|---|---|
| 1 | 新绝缘子的规格、型号必须与原绝缘子相同 |

续表

| 序号 | 内　　容 |
|---|---|
| 2 | 安装时应检查碗头、球头与弹簧销之间的间隙。在安装好弹簧销子的情况下球头不得自碗头中脱出 |
| 3 | 绝缘子串上各种金具的螺栓及弹簧销子应按照原线路设计要求进行安装 |
| 4 | 新绝缘子安装后大口方向应与原朝向一致 |

## 模块 6　等电位更换悬垂任意单片绝缘子

### 一、概况

本项目采用等电位与地电位相结合的作业方法，采用绝缘插板作业法进行 500kV 线路直线杆塔悬垂单片绝缘子更换的作业。当直线塔单片绝缘子破损或自爆需要更换检修时多采用此方法。

### 二、人员组合

本作业项目工作人员共计 8 名。其中工作负责人（监护人）1 名、等电位电工 1 名、塔上电工 2 名、地面电工 4 名。

### 三、材料配备

材料配备见表 6–36。

**表 6–36　　材　料　配　备**

| 序号 | 名　　称 | 型　　号 | 数　　量 | 备　　注 |
|---|---|---|---|---|
| 1 | 绝缘子 | 与所更换绝缘子相同 | 按实际要求准备 | |

### 四、工器具配备

1. 绝缘工具（见表 6–37）

**表 6–37　　绝　缘　工　具**

| 序号 | 名　　称 | 规格/编号 | 单位 | 数量 | 备　　注 |
|---|---|---|---|---|---|
| 1 | 绝缘传递绳 | $\phi$10mm | 根 | 1 | |
| 2 | 高强度绝缘绳 | $\phi$16mm | 根 | 1 | |
| 3 | 绝缘吊篮 | | 副 | 1 | |
| 4 | 电位转移杆 | | 个 | 1 | |

续表

| 序号 | 名　　称 | 规格/编号 | 单位 | 数量 | 备　　注 |
|---|---|---|---|---|---|
| 5 | 绝缘滑车 | 1t | 个 | 1 | |
| 6 | 二二滑车 | 1t | 个 | 2 | |
| 7 | 绝缘操作杆 | 500kV | 根 | 1 | |
| 8 | 绝缘拉杆 | 500kV | 根 | 2 | |
| 9 | 绝缘叉板 | 500kV | 个 | 1 | |
| 10 | 导线后备保护绳 | $\phi$30mm×6m | | | |

**注**　绝缘工具绝缘工器具的机械及电气强度均应满足安规要求，周期预防性及检查性试验合格。

2. 金属工具（见表 6–38）

**表 6–38　　　　金　属　工　具**

| 序号 | 名　　称 | 规格/编号 | 单位 | 数量 | 备　　注 |
|---|---|---|---|---|---|
| 1 | 紧线丝杆 | | 个 | 2 | |
| 2 | 四线吊线钩 | | 个 | 1 | |
| 3 | 手摇绞磨 | 0.5t | 台 | 1 | |
| 4 | 瓷质绝缘子检测装置 | | 个 | 1 | 瓷质绝缘子时用 |

3. 个人防护用具（见表 6–39）

**表 6–39　　　　个 人 防 护 用 具**

| 序号 | 名　　称 | 规格/编号 | 单位 | 数量 | 备　　注 |
|---|---|---|---|---|---|
| 1 | 人体后备保护绝缘绳 | $\phi$30mm×8m | 根 | 2 | |
| 2 | 导电鞋 | | 双 | 3 | |
| 3 | 安全带 | | 条 | 3 | |
| 4 | 安全帽 | | 顶 | 8 | |
| 5 | 全套屏蔽服 | Ⅱ型 | 套 | 3 | |

4. 辅助安全用具（见表 6–40）

**表 6–40　　　　辅 助 安 全 用 具**

| 序号 | 名　　称 | 规格/编号 | 单位 | 数量 | 备　　注 |
|---|---|---|---|---|---|
| 1 | 绝缘电阻检测仪 | 5000V | 块 | 1 | 电极宽 2cm，极间距 2cm |
| 2 | 防潮苫布 | 2m×4m | 块 | 2 | |
| 3 | 工具袋 | | 个 | 3 | |
| 4 | 风速风向仪 | | 块 | 1 | |

续表

| 序号 | 名　　称 | 规格/编号 | 单位 | 数量 | 备　　注 |
|---|---|---|---|---|---|
| 5 | 温湿度表 | | 块 | 1 | |
| 6 | 万用表 | | 块 | 1 | |

## 五、危险点分析及预控措施

危险点分析及预控措施见表 6–41。

**表 6–41**　　危险点分析及预控措施

| 序号 | 危　险　点 | 安全控制措施 |
|---|---|---|
| 1 | 高空坠落 | （1）攀登杆塔前检查脚钉是否可靠。<br>（2）高空作业正确使用安全带，转位作业不得失去安全带保护。<br>（3）等电位电工必须使用后备绳与横担连接，不得使用短安全带与导线连接；后备绳应挂在牢固的构件上并应防止被锋利物割伤。<br>（4）禁止携带器材登杆塔或在杆塔上移位 |
| 2 | 触电伤害 | （1）杆塔上作业人员穿全套合格的屏蔽服，且各点连接良好，测量最远两点之间阻值不大于 20Ω。屏蔽服内穿阻燃内衣。<br>（2）带电作业工具使用前，仔细检查确认没有损坏、受潮、变形、失灵，否则禁止使用。<br>（3）绝缘工具，绳索有效绝缘长度不小于 3.7m。<br>（4）等电位人员对接地体、地电位作业人员对带电体必须保持 3.4m 以上安全距离。<br>（5）等电位作业人员与邻相带电体保证 5m 以上的安全距离。<br>（6）等电位作业人员进出电位过程中组合间隙应保证 4m 以上的安全距离；转移电位时，人体裸露部分距带电体保证 0.4m 以上的安全距离。<br>（7）严禁约时停用或恢复重合闸 |
| 3 | 高空落物 | （1）现场作业人员必须戴好安全帽。<br>（2）杆塔上作业人员要防止掉东西，使用的工具材料等应装在工具袋内，工器具要用绳索传递，作业正下方严禁有人逗留 |
| 4 | 导线脱落 | （1）转移张力前，应有防止导线脱落的后备保护措施。<br>（2）转移导线张力时，应随时检查各部件受力情况，确定无异常时，方可进行下一步工作 |

## 六、作业步骤

（1）工作负责人向调度部门申请开工，内容为：本人为工作负责人×××，×年×月×日×时至×时在 500kV××线路上带电更换悬垂单片绝缘子作业，须停用线路重合闸装置，若遇线路跳闸，不经联系，不得强送。得到调度许可，核对线路双重命名和杆塔号。

（2）全体工作成员列队，工作负责人现场宣读工作票、交代工作任务、安全措施和技术措施；查（问）看作业人员精神状况、着装情况和工器具是否完好齐全。确认天气情况、危险点和预防措施，明确作业分工以及安全注意事项。

（3）地面电工采用绝缘电阻表检测绝缘工具的绝缘电阻，检查金属工具、个人防护用具等是否完好齐全。

（4）等电位和塔上电工正确穿着个人防护用具，并检查各部位是否连接良好。

（5）塔上电工携带绝缘传递绳登塔至横担处，系好安全带，将绝缘滑车及绝缘传递绳悬挂在适当的位置。

（6）若是瓷质绝缘子，地面电工将绝缘子检测装置、绝缘操作杆用绝缘传递绳传递给塔上 2 号电工，2 号电工检测所要更换绝缘子串的零值绝缘子，当发现同串中零值绝缘子片数不符合带电作业工作要求时，应立即停止检测，并停止本次带电作业工作。

（7）塔上电工与地面电工相互配合，将吊篮、电位转移棒、绝缘拉杆传递到塔上。

（8）塔上电工、等电位电工相互配合在适当位置组装好吊篮。

（9）等电位电工申请进入电位，工作负责人同意后，塔上与地面电工互相配合，采用吊篮法将等电位电工送进等电位。

（10）塔上电工与等电位电工配合组装好绝缘拉杆、紧线丝杠、横担卡具、四线吊线钩和导线后备保护绳，导线后备保护绳的保护裕度（长度）应控制合理。将导线荷载转移至绝缘拉杆上。

（11）塔上电工操作紧线丝杠，使绝缘子串呈松弛状态。

（12）塔上电工将绝缘吊绳系在靠横担侧适当位置的绝缘子上。

（13）杆上电工与等电位电工配合收紧绝缘子串滑车，摘开绝缘子串两端部绝缘子，并将绝缘子串下放至导线处。绝缘子串所放位置，应以等电位电工能方便操作为准。

（14）塔上电工与等电位电工配合将托瓶板插卡在需要更换的劣化绝缘子下面的一片绝缘子瓷裙上。

（15）拔出需要更换绝缘子的两端弹簧销，更换不良绝缘子。

（16）复原时操作程序相反。

（17）工作结束等电位电工向工作负责人申请脱离电位，许可后塔上电工互相配合，采用吊篮法使等电位电工退出电位并下塔。

（18）塔上电工和地面电工相互配合拆除工器具，将工器具依次传递至地面。

（19）塔上电工检查确认塔上、导线上无遗留物后，汇报工作负责人，得到同意后携带绝缘传递绳下塔。

（20）地面电工整理工器具和清理现场，工作负责人清点工器具。

（21）工作负责人向调度汇报。内容为：本人为工作负责人×××，500kV×××线路带电更换悬垂单片绝缘子工作已结束，塔上人员已撤离，杆塔、导线上无遗留物，线路设备已恢复，可恢复重合闸。

## 七、工艺质量要求

工艺质量要求见表 6–42。

表 6–42　　　　工 艺 质 量 要 求

| 序号 | 内　容 |
| --- | --- |
| 1 | 新绝缘子的规格、型号必须与原绝缘子相同 |
| 2 | 安装时应检查碗头、球头与弹簧销之间的间隙。在安装好弹簧销子的情况下球头不得自碗头中脱出 |
| 3 | 绝缘子串上各种金具的螺栓及弹簧销子应按照原线路设计要求进行安装 |
| 4 | 新绝缘子安装后大口方向应与原朝向一致 |
| 5 | 绝缘子串恢复安装后应垂直地面、受力均匀，其顺线路方向与垂直位置的位移不应超过 5°，最大偏移值不应超过 200mm |

# 模块 7　等电位更换悬垂整串绝缘子

## 一、概况

本项目采用等电位与地电位配合的作业方法，采用紧线丝杠进行 500kV 线路悬垂整串绝缘子的更换，当直线绝缘子串为单 I 串时，且塔头尺寸满足进电场的安全距离要求时，可采用此方法更换悬垂整串绝缘子。

## 二、人员组合

本作业项目工作人员共计 6 名。其中工作负责人（监护人）1 名、等电位电工 1 名、塔上电工 1 名、地面电工 3 名。

## 三、材料配备

材料配备见表 6–43。

表 6–43　　　　材 料 配 备

| 序号 | 名　称 | 型　号 | 数　量 | 备　注 |
| --- | --- | --- | --- | --- |
| 1 | 绝缘子 | 与所更换绝缘子相同 | 按实际需求配备 | |

## 四、工器具配备

1. 绝缘工具（见表 6–44）

表 6–44　　　　绝 缘 工 具

| 序号 | 名　称 | 规格/编号 | 单位 | 数量 | 备　注 |
| --- | --- | --- | --- | --- | --- |
| 1 | 绝缘传递绳 | $\phi$10mm | 根 | 1 | |
| 2 | 绝缘滑车 | 0.5t | 个 | 1 | |

续表

| 序号 | 名　称 | 规格/编号 | 单位 | 数量 | 备　注 |
|---|---|---|---|---|---|
| 3 | 绝缘软梯 | $\phi$14mm | 副 | 1 | |
| 4 | 绝缘滑车 | 1t | 个 | 1 | |
| 5 | 绝缘拉杆 | $\phi$32mm | 套 | 2 | |
| 6 | 绝缘绳 | $\phi$18mm | 根 | 1 | |
| 7 | 绝缘操作杆 | 500kV | 根 | 1 | |

注　绝缘工具绝缘工器具的机械及电气强度均应满足安规要求，周期预防性及检查性试验合格。

2. 金属工具（见表 6–45）

**表 6–45　　　　金　属　工　具**

| 序号 | 名　称 | 规格/编号 | 单位 | 数量 | 备　注 |
|---|---|---|---|---|---|
| 1 | 四分裂导线吊钩 | | 个 | 2 | |
| 2 | 平面丝杠 | | 个 | 3 | |
| 3 | 横担卡具 | | 个 | 2 | |
| 4 | 机动绞磨 | | 台 | 1 | |
| 5 | 钢丝千斤 | | 根 | 4 | |
| 6 | 瓷质绝缘子检测装置 | | 个 | 1 | 瓷质绝缘子时用 |

3. 个人防护用具（见表 6–46）

**表 6–46　　　　个　人　防　护　用　具**

| 序号 | 名　称 | 规格/编号 | 单位 | 数量 | 备　注 |
|---|---|---|---|---|---|
| 1 | 人体后备保护绝缘绳 | $\phi$14mm | 根 | 1 | |
| 2 | 导电鞋 | | 双 | 1 | |
| 3 | 安全带 | | 条 | 2 | |
| 4 | 安全帽 | | 顶 | 4 | |
| 5 | 全套屏蔽服 | Ⅱ型 | 套 | 1 | |

4. 辅助安全用具（见表 6–47）

**表 6–47　　　　辅　助　安　全　用　具**

| 序号 | 名　称 | 规格/编号 | 单位 | 数量 | 备　注 |
|---|---|---|---|---|---|
| 1 | 绝缘电阻检测仪 | 5000V | 块 | 1 | 电极宽 2cm，极间距 2cm |
| 2 | 防潮苫布 | 2m×4m | 块 | 2 | |
| 3 | 工具袋 | | 个 | 3 | |

续表

| 序号 | 名　　称 | 规格/编号 | 单位 | 数量 | 备　　注 |
|---|---|---|---|---|---|
| 4 | 风速风向仪 | | 块 | 1 | |
| 5 | 温湿度表 | | 块 | 1 | |
| 6 | 对讲机 | | 对 | 1 | |
| 7 | 万用表 | | 块 | 1 | |

## 五、危险点分析及预控措施

危险点分析及预控措施见表 6–48。

**表 6–48**　　危险点分析及预控措施

| 序号 | 危　险　点 | 安全控制措施 |
|---|---|---|
| 1 | 高空坠落 | （1）攀登杆塔前检查脚钉是否可靠。<br>（2）高空作业正确使用安全带，转位作业不得失去安全带保护。<br>（3）等电位电工必须使用后备绳与横担连接，不得使用短安全带与导线连接；后备绳应挂在牢固的构件上并应防止被锋利物割伤。<br>（4）禁止携带器材登杆塔或在杆塔上移位 |
| 2 | 触电伤害 | （1）杆塔上作业人员穿全套合格的屏蔽服，且各点连接良好，测量最远两点之间阻值不大于 20Ω。屏蔽服内穿阻燃内衣。<br>（2）带电作业工具使用前，仔细检查确认没有损坏、受潮、变形、失灵，否则禁止使用。<br>（3）绝缘工具，绳索有效绝缘长度不小于 3.7m。<br>（4）等电位人员对接地体、地电位作业人员对带电体必须保持 3.4m 以上安全距离。<br>（5）等电位作业人员与邻相带电体保证 5m 以上的安全距离。<br>（6）等电位作业人员进出电位过程中组合间隙应保证 4m 以上的安全距离；转移电位时，人体裸露部分距带电体保证 0.4m 以上的安全距离。<br>（7）严禁约时停用或恢复重合闸 |
| 3 | 高空落物 | （1）现场作业人员必须戴好安全帽。<br>（2）杆塔上作业人员要防止掉东西，使用的工具材料等应装在工具袋内，工器具要用绳索传递，作业正下方严禁有人逗留 |
| 4 | 导线脱落 | （1）转移导线张力前，对单串绝缘子应使用双承力系统，使它们互为保护；收紧丝杆时，双受力系统同时收紧，防止一侧不受力而失去后备保护。<br>（2）转移导线张力时，应随时检查各部件受力情况，确定无异常时，方可进行下一步工作 |

## 六、作业步骤

（1）工作负责人向调度部门申请开工，内容为：本人为工作负责人×××，×年×月×日×时至×时在 500kV××线路上带电更换悬垂整串绝缘子作业，须停用线路重合闸装置，若遇线路跳闸，不经联系，不得强送。得到调度许可，核对线路双重命名和杆塔号。

（2）全体工作成员列队，工作负责人现场宣读工作票、交代工作任务、安全措施和技术措施；查（问）看作业人员精神状况、着装情况和工器具是否完好齐全。确认天气情况、危险点和预防措施，明确作业分工以及安全注意事项。

（3）地面电工采用绝缘电阻表检测绝缘工具的绝缘电阻，检查金属工具、个人防护用具等是否完好齐全。

（4）地面电工正确布置施工现场，合理放置机动绞磨。

（5）等电位和塔上电工正确穿着个人防护用具，并检查各部位是否连接良好。

（6）塔上电工携带绝缘传递绳登塔至横担处，系挂好安全带，将绝缘滑车和绝缘传递绳在作业横担适当位置安装好。等电位电工随后登塔。

（7）若是盘形瓷质绝缘子时，地面电工将绝缘子检测装置及绝缘操作杆组装好后传递给塔上电工，塔上电工检测复核所要更换绝缘子串的零值绝缘子，当发现同串中零值绝缘子片数不符合带电作业工作要求时，应立即停止检测，并停止本次带电作业工作。

（8）地面电工传递绝缘软梯和绝缘防坠落绳，塔上电工在距绝缘子串吊点水平距离大于 1.5m 处安装绝缘软梯。

（9）等电位电工系好绝缘防坠落保护绳，塔上电工控制防坠保护绳配合等电位电工沿绝缘软梯下行。

（10）等电位电工沿绝缘软梯下到头部或手与上子导线平行位置，报告工作负责人，得到工作负责人许可后，塔上电工利用绝缘防坠落保护绳摆动绝缘软梯配合等电位电工进入等电位。

（11）等电位电工进入等电位后，不能将安全带系在上子导线上，在高强度绝缘保护绳的保护下进行其他检修作业。

（12）地面电工将横担固定器、平面丝杠、绝缘吊杆、四线提线器传递到工作位置，等电位电工与塔上电工配合将绝缘子更换工具安装在被更换的绝缘子串两侧。

（13）地面电工将绝缘磨绳、绝缘子串尾绳分别传递给塔上电工与等电位电工。

（14）塔上电工将绝缘磨绳安装在横担和第 3 片绝缘子上，等电位电工将绝缘子串尾绳安装在导线侧第 1 片绝缘子上。

（15）塔上电工同时均匀收紧两平面丝杠，使绝缘子松弛，等电位电工手抓四线提线器冲击检查无误后，报经工作负责人同意后，塔上电工与等电位电工配合取出碗头螺栓。

（16）地面电工收紧提升绝缘子串的绝缘磨绳，塔上电工拔掉球头挂环与第 1 片绝缘子处的锁紧销，脱开球头耳环与第 1 片绝缘子处的连接。

（17）地面电工松机动绞磨，同时配合拉好绝缘子串尾绳，将绝缘子串放至地面。

（18）地面电工将绝缘磨绳和绝缘子串尾绳分别转移到新盘形绝缘子串上。

（19）地面电工起动机动绞磨。将新盘形绝缘子串传递至塔上电工工作位置，塔上电工恢复新盘形绝缘子与横担侧球头挂环的连接，并复位锁紧销。

（20）地面电工松出磨绳，使新盘形绝缘子自然垂直，等电位电工恢复碗头挂板与联板处的连接，并装好碗头螺栓上的开口销。

（21）经检查无误后，报经工作负责人同意，塔上电工松出平面丝杠，地面电工与等电位电工、塔上电工配合拆开导线侧作业工具。

（22）等电位电工检查确认导线上无遗留物后，向工作负责人汇报，得到同意后等电位电工按进入电场的逆顺序退出电位。

（23）等电位电工与塔上电工配合拆除塔上全部作业工具并传递下塔。

（24）塔上电工检查确认塔上无遗留物，报经工作负责人得到同意后携带绝缘传递绳下塔。

（25）地面电工整理所用工器具和清理现场，工作负责人清点工器具。

（26）工作负责人向调度汇报。内容为：本人为工作负责人×××，500kV××线路上带电更换悬垂整串绝缘子作业工作已结束，杆塔上作业人员已撤离，杆塔上、线上无遗留物，线路设备已恢复，可恢复重合闸。

### 七、工艺质量要求

工艺质量要求见表 6–49。

**表 6–49　　工 艺 质 量 要 求**

| 序号 | 内　　容 |
|---|---|
| 1 | 新绝缘子的规格、型号必须与原绝缘子相同 |
| 2 | 安装时应检查碗头、球头与弹簧销之间的间隙。在安装好弹簧销子的情况下球头不得自碗头中脱出 |
| 3 | 绝缘子串上各种金具的螺栓及弹簧销子应按照原线路设计要求进行安装 |
| 4 | 新绝缘子安装后大口方向应与原朝向一致 |
| 5 | 绝缘子串恢复安装后应垂直地面、受力均匀，其顺线路方向与垂直位置的位移不应超过 5°，最大偏移值不应超过 200mm |

## 模块 8　等电位带电更换导线间隔棒

### 一、概况

本项目采用等电位作业法，利用绝缘软梯进入强电场更换 500kV 导线间隔棒，此方法适合作业高度适中的直线杆塔附近的间隔棒更换作业。

### 二、人员组合

本作业项目工作人员共计 4 名。其中工作负责人（监护人）1 名、等电位电工 1 名、塔上电工 1 名、地面电工 1 名。

## 三、材料配备

材料配备见表 6–50。

表 6–50　　材料配备

| 序号 | 名称 | 型号 | 数量 | 备注 |
|---|---|---|---|---|
| 1 | 间隔棒 | 与所更换间隔棒相同 | 1 根 | |

## 四、工器具配备

1. 绝缘工具（见表 6–51）

表 6–51　　绝缘工具

| 序号 | 名称 | 规格/编号 | 单位 | 数量 | 备注 |
|---|---|---|---|---|---|
| 1 | 绝缘传递绳 | $\phi$10mm | 根 | 1 | |
| 2 | 绝缘滑车 | 0.5t | 个 | 1 | |
| 3 | 绝缘软梯 | $\phi$14mm | 副 | 1 | |
| 4 | 绝缘滑车 | 1t | 个 | 1 | |
| 5 | 绝缘操作杆 | 500kV | 根 | 1 | |

注　绝缘工具绝缘工器具的机械及电气强度均应满足安规要求，周期预防性及检查性试验合格。

2. 金属工具（见表 6–52）

表 6–52　　金属工具

| 序号 | 名称 | 规格/编号 | 单位 | 数量 | 备注 |
|---|---|---|---|---|---|
| 1 | 扭矩扳手 | | | | |
| 2 | 软梯头 | | | | |

3. 个人防护用具（见表 6–53）

表 6–53　　个人防护用具

| 序号 | 名称 | 规格/编号 | 单位 | 数量 | 备注 |
|---|---|---|---|---|---|
| 1 | 人体后备保护绝缘绳 | $\phi$14mm | 根 | 1 | |
| 2 | 导电鞋 | | 双 | 1 | |
| 3 | 安全带 | | 条 | 2 | |
| 4 | 安全帽 | | 顶 | 4 | |
| 5 | 全套屏蔽服 | Ⅱ型 | 套 | 1 | |

4. 辅助安全用具（见表 6–54）

表 6–54　　辅助安全用具

| 序号 | 名　称 | 规格/编号 | 单位 | 数量 | 备　注 |
|---|---|---|---|---|---|
| 1 | 绝缘电阻检测仪 | 5000V | 块 | 1 | 电极宽 2cm，极间距 2cm |
| 2 | 防潮苫布 | 2m×4m | 块 | 2 | |
| 3 | 工具袋 | | 个 | 3 | |
| 4 | 风速风向仪 | | 块 | 1 | |
| 5 | 温湿度表 | | 块 | 1 | |
| 6 | 万用表 | | 块 | 1 | |

## 五、危险点分析及预控措施

危险点分析及预控措施见表 6–55。

表 6–55　　危险点分析及预控措施

| 序号 | 危　险　点 | 安全控制措施 |
|---|---|---|
| 1 | 高空坠落 | （1）攀登杆塔前检查脚钉是否可靠。<br>（2）高空作业正确使用安全带，转位作业不得失去安全带保护。<br>（3）禁止携带器材登杆塔或在杆塔上移位 |
| 2 | 触电伤害 | （1）杆塔上作业人员穿全套合格的屏蔽服，且各点连接良好，测量最远两点之间阻值不大于 20Ω。屏蔽服内穿阻燃内衣。<br>（2）带电作业工具使用前，仔细检查确认没有损坏、受潮、变形、失灵，否则禁止使用。<br>（3）绝缘工具，绳索有效绝缘长度不小于 3.7m。<br>（4）等电位人员对接地体、地电位作业人员对带电体必须保持 3.4m 以上安全距离。<br>（5）等电位作业人员与邻相带电体保证 5m 以上的安全距离。<br>（6）转移电位时，人体裸露部分距带电体保证 0.4m 以上的安全距离。<br>（7）严禁约时停用或恢复重合闸 |
| 3 | 高空落物 | （1）现场作业人员必须戴好安全帽。<br>（2）杆塔上作业人员要防止掉东西，使用的工具材料等应装在工具袋内，工器具要用绳索传递，作业正下方严禁有人逗留 |

## 六、作业步骤

（1）工作负责人向调度部门申请开工，内容为：本人为工作负责人×××，×年×月×日×时至×时在 500kV××线路上更换导线间隔棒作业，须停用线路重合闸装置，若遇线路跳闸，不经联系，不得强送。得到调度许可，核对线路双重命名和杆塔。

（2）全体工作成员列队，工作负责人现场宣读工作票、交代工作任务、安全措施和技术措施；查（问）看作业人员精神状况、着装情况和工器具是否完好齐全。确认天气情况、危险点和预防措施，明确作业分工以及安全注意事项。

（3）地面电工采用绝缘电阻表检测绝缘工具的绝缘电阻，检查金属工具、个人防护用具等是否完好齐全。

（4）等电位和塔上电工正确穿着个人防护用具，并检查各部位是否连接良好。

（5）塔上电工携带传递绳登塔至导线横担处，挂好绝缘传递绳。

（6）地面电工传递绝缘软梯和绝缘防坠落绳，塔上电工在距绝缘子串吊点水平距离大于 1.5m 处安装绝缘软梯。

（7）等电位电工系好高强度绝缘保护绳，塔上电工控高强度绝缘保护绳配合等电位电工沿绝缘软梯下行。

（8）等电位电工沿绝缘软梯下到头部或手与上子导线平行位置，报经工作负责人同意后，地面电工利用绝缘软梯尾绳配合等电位电工进入等电位。

（9）等电位电工登上导线并系挂好安全带后，解开高强度绝缘保护绳（随后可作绝缘传递绳用），携带绝缘传递绳走线至作业点。

（10）等电位电工拆除损坏的导线间隔棒并绑扎好，地面电工吊上新导线间隔棒。

（11）等电位电工安装好间隔棒，检查螺栓扭矩值合格后，报经工作负责人同意后退回绝缘软梯处。

（12）塔上电工控制好尾绳，等电位电工系好高强度绝缘保护绳，按进入时程序逆向退回杆塔身后下塔。

（13）塔上电工和地面电工配合全部作业工具并传递下塔。

（14）塔上电工检查确认塔上无遗留物，报经工作负责人同意后携带绝缘传递绳下塔。

（15）地面电工整理所用工器具和清理现场，工作负责人清点工器具。

（16）工作负责人向调度汇报。内容为：本人为工作负责人×××，500kV××线路上更换导线间隔棒工作已结束，杆塔上作业人员已撤离，杆塔、导线上无遗留物，线路设备已恢复，可恢复重合闸。

## 七、工艺质量要求

工艺质量要求见表 6–56。

**表 6–56　　工 艺 质 量 要 求**

| 序号 | 内　容 |
|---|---|
| 1 | 新间隔棒的规格、型号必须与原间隔棒相同 |
| 2 | 安装间隔棒的位置应与其他两相在同一个平面内 |
| 3 | 间隔棒上螺栓及销子应按照原线路设计要求进行安装 |

# 模块 9　地电位带电修补架空地线

## 一、概况

本项目是在进行架空地线断股缺陷处理时，采用专用接地线短接后，乘飞车进行 500kV 架空地线或绝缘架空地线修补处理，采用此方法时，须保证架空地线损伤程度允许使用飞车且安全距离满足要求的情况下方可进行。

## 二、人员组合

本作业项目工作人员共计 4 人。其中工作负责人（监护人）1 名、出线电工 1 名、塔上电工 1 名、地面电工 1 名。

## 三、材料配备

材料配备见表 6–57。

**表 6–57　　材　料　配　备**

| 序号 | 名　　称 | 型　　号 | 数　　量 | 备　　注 |
|---|---|---|---|---|
| 1 | 预绞丝补修条 | | 按实际要求准备 | |

## 四、工器具配备

1. 绝缘工具（见表 6–58）

**表 6–58　　绝　缘　工　具**

| 序号 | 名　　称 | 规格/编号 | 单位 | 数量 | 备　　注 |
|---|---|---|---|---|---|
| 1 | 绝缘传递绳 | $\phi$10mm | 根 | 1 | |
| 2 | 绝缘滑车 | 0.5t | 个 | 1 | |
| 3 | 绝缘控制绳 | $\phi$10mm | 根 | 1 | |

注　绝缘工具绝缘工器具的机械及电气强度均应满足安规要求，周期预防性及检查性试验合格。

2. 金属工具（见表 6–59）

**表 6–59　　金　属　工　具**

| 序号 | 名　　称 | 规格/编号 | 单位 | 数量 | 备　　注 |
|---|---|---|---|---|---|
| 1 | 地线飞车 | | 部 | 1 | |
| 2 | 绝缘地线专用接地线 | | 副 | 2 | 绝缘地线使用 |

3. 个人防护用具（见表 6–60）

**表 6–60　　　　个 人 防 护 用 具**

| 序号 | 名　　称 | 规格/编号 | 单位 | 数量 | 备　　注 |
|---|---|---|---|---|---|
| 1 | 人体后备保护绝缘绳 | $\phi$14mm×9m | 根 | 1 | |
| 2 | 导电鞋 | | 双 | 1 | |
| 3 | 安全带 | | 条 | 2 | |
| 4 | 安全帽 | | 顶 | 4 | |
| 5 | 全套屏蔽服 | Ⅱ型 | 套 | 2 | |

4. 辅助安全用具（见表 6–61）

**表 6–61　　　　辅 助 安 全 用 具**

| 序号 | 名　　称 | 规格/编号 | 单位 | 数量 | 备　　注 |
|---|---|---|---|---|---|
| 1 | 绝缘电阻检测仪 | 5000V | 块 | 1 | 电极宽 2cm，极间距 2cm |
| 2 | 防潮苫布 | 2m×4m | 块 | 2 | |
| 3 | 工具袋 | | 个 | 2 | |
| 4 | 对讲机 | | 对 | 1 | |
| 5 | 风速风向仪 | | 块 | 1 | |
| 6 | 温湿度表 | | 块 | 1 | |
| 7 | 万用表 | | 块 | 1 | |

## 五、危险点分析及预控措施

危险点分析及预控措施见表 6–62。

**表 6–62　　　　危险点分析及预控措施**

| 序号 | 危　险　点 | 安全控制措施 |
|---|---|---|
| 1 | 高空坠落 | （1）攀登杆塔前检查脚钉是否可靠。<br>（2）高空作业正确使用安全带，转位作业不得失去安全带保护。<br>（3）禁止携带器材登杆塔或在杆塔上移位 |
| 2 | 触电伤害 | （1）杆塔上作业人员穿全套合格的屏蔽服，且各点连接良好，测量最远两点之间阻值不大于 20Ω。屏蔽服内穿阻燃内衣。<br>（2）带电作业工具使用前，仔细检查确认没有损坏、受潮、变形、失灵，否则禁止使用。<br>（3）作业人员活动范围及所携带的工具、材料等，与带电导线最小距离不得小于 5.00m。<br>（4）绝缘架空地线应视为带电体，作业人员与绝缘架空地线之间应保证 0.4m 以上的安全距离，如需在绝缘架空地线上作业时，应使用接地线或个人保安线将其可靠接地或采用等电位方式进行。<br>（5）带电作业应在天气良好条件下进行 |
| 3 | 高空落物 | （1）现场作业人员必须戴好安全帽。<br>（2）杆塔上作业人员要防止掉东西，使用的工具材料等应装在工具袋内，工器具要用绳索传递。<br>（3）作业正下方严禁有人逗留 |

## 六、作业步骤

（1）工作负责人向调度部门申请开工，内容为：本人为工作负责人×××，× 年×月×日×时至×时在 500kV××线路上带电补修架空地线工作，须停用线路重合闸装置，若遇线路跳闸，不经联系，不得强送。得到调度许可，核对线路双重命名和杆塔号。

（2）全体工作成员列队，工作负责人现场宣读工作票、交代工作任务、安全措施和技术措施；查（问）看作业人员精神状况、着装情况和工器具是否完好齐全。确认天气情况、危险点和预防措施，明确作业分工以及安全注意事项。

（3）地面电工采用绝缘电阻表检测绝缘工具的绝缘电阻，检查金属工具、个人防护用具等是否完好齐全。

（4）出线电工和塔上电工正确穿着个人防护用具，并检查各部位是否连接良好。

（5）塔上电工带传递绳登塔至地线支架、安装传递绳滑车做起吊准备，飞车出线电工上塔。

（6）地面电工传递绝缘地线专用接地棒和地线飞车，塔上电工在出线检修电工的监护下，采用专用接地线在不工作侧将绝缘架空地线可靠接地，随后拆除工作侧绝缘地线的防振锤，安装地线飞车并系好飞车控制绳。

（7）塔上电工收紧飞车控制绳配合出线电工登上飞车，地面电工传递上预绞丝，出线电工携带上预绞丝。

（8）塔上电工松飞车控制绳配合出线飞车电工进入作业点进行架空地线修补工作，如架空地线损伤点距地线支架较远时飞车应由地面电工在地面控制。

（9）飞车出线电工进入作业点后检查绝缘架空地线损伤情况，报告工作负责人后，进行修补工作。

（10）补修完成后，报经工作负责人同意后，塔上电工配合出线电工退出作业点返回地线支架。

（11）塔上电工和出线电工拆除塔上的全部工具并传递下塔，恢复绝缘地线防振锤，在出线电工的监护下，塔上电工拆除绝缘地线专用接地线。出线操作电工随后下塔。

（12）塔上电工检查确认塔上无遗留物，报经工作负责人同意后携带绝缘传递绳下塔。

（13）地面电工整理所用工器具和清理现场，工作负责人清点工器具。

（14）工作负责人向调度汇报。内容为：本人为工作负责人×××，500kV××线路上带电补修架空地线工作已结束，杆塔上作业人员已撤离，杆塔、导线上无遗留物，线路设备已恢复，可恢复重合闸。

## 七、工艺质量要求

工艺质量要求见表 6–63。

表 6-63 工艺质量要求

| 序号 | 内容 |
| --- | --- |
| 1 | 使用飞车前，应确认架空地线的损伤程度符合使用飞车作业的条件 |
| 2 | 架空地线修补，应按照修补导则要求进行，修补完成后应保证架空地线的强度达到要求 |
| 3 | 修补完成后，架空地线应满足导通雷电流的要求 |

# 第七章

# 1000kV带电作业项目标准化操作流程

## 模块1 等电位更换直线杆塔Ⅰ型、双Ⅰ型复合绝缘子

### 一、概况

本项目采用等电位和地电位配合的方法，进行1000kV输电线路直线杆塔复合绝缘子的更换，由于1000kV输电线路电场强度，电场和电流防护难度大，是现今带电作业难度较大的作业项目之一，更换直线杆塔复合绝缘子在特高压带电作业中具有代表性。

### 二、人员组合

本作业项目工作人员不少于10名。其中工作负责人（监护人）1名、等电位电工2名（1号、2号电工）、塔上地电位电工2名（3号、4号电工）、地面电工5名（5号～9号电工）。

### 三、材料配备

材料配备见表7–1。

**表7–1　　材料配备**

| 序号 | 名　称 | 型　号 | 数　量 | 备　注 |
|---|---|---|---|---|
| 1 | 复合绝缘子 | 与所更换绝缘子相同 | 2片 | |

### 四、工器具配备

1. 绝缘工具（见表7–2）

**表7–2　　绝缘工具**

| 序号 | 名　称 | 规格/编号 | 单位 | 数量 | 备　注 |
|---|---|---|---|---|---|
| 1 | 绝缘绳 | $\phi$14mm | 根 | 3 | 一根用于传递、一根用于2–2滑车组控制、一根用于绝缘子尾绳 |

续表

| 序号 | 名　　称 | 规格/编号 | 单位 | 数量 | 备　　注 |
|---|---|---|---|---|---|
| 2 | 绝缘绳 | $\phi$16mm | 根 | 1 | 吊篮固定绳横担至导线垂直距离 + 操作长度 |
| 3 | 二二绝缘滑车 | | 个 | 2 | |
| 4 | 绝缘滑车 | | 个 | 6 | |
| 5 | 绝缘绳套 | 1t | 个 | 3 | |
| 6 | 绝缘吊杆 | $\phi$53mm | 根 | 2 | |
| 7 | 电位转移棒 | | 根 | 1 | |
| 8 | 吊篮 | | 套 | 1 | |

注　绝缘工具绝缘工器具的机械及电气强度均应满足安规要求，周期预防性及检查性试验合格。

2. 金属工具（见表 7–3）

**表 7–3　　　　金　属　工　具**

| 序号 | 名　　称 | 规格/编号 | 单位 | 数量 | 备　　注 |
|---|---|---|---|---|---|
| 1 | 八分裂提线器 | | 只 | 2 | |
| 2 | 液压紧线系统 | | 只 | 2 | |
| 3 | 平面丝杠 | | 只 | 2 | |
| 4 | 专用接头 | | 个 | 4 | |
| 5 | 机动绞磨 | 3t | 台 | 1 | 磨辊材质聚四氟乙烯 |
| 6 | 钢丝绳套 | | 个 | 4 | |

3. 个人防护用具（见表 7–4）

**表 7–4　　　　个 人 防 护 用 具**

| 序号 | 名　　称 | 规格/编号 | 单位 | 数量 | 备　　注 |
|---|---|---|---|---|---|
| 1 | 人体后备保护绝缘绳 | $\phi$16mm | 根 | 2 | |
| 2 | 导电鞋 | | 双 | 2 | |
| 3 | 安全带 | | 条 | 4 | |
| 4 | 安全帽 | | 顶 | 10 | |
| 5 | 静电防护服 | | 套 | 2 | |
| 6 | 全套屏蔽服 | 屏蔽效率≥60dB | 套 | 2 | 戴面罩 |
| 7 | 阻燃内衣 | | 套 | 2 | |
| 8 | 防坠器 | | 个 | 4 | |

4. 辅助安全用具（见表 7–5）

**表 7–5　　　　　　　　　　辅 助 安 全 用 具**

| 序号 | 名　称 | 规格/编号 | 单位 | 数量 | 备　注 |
|---|---|---|---|---|---|
| 1 | 绝缘电阻检测仪 | 5000V | 块 | 1 | 电极宽 2cm，极间距 2cm |
| 2 | 防潮苫布 | | 块 | 4 | |
| 3 | 工具袋 | | 只 | 4 | |
| 4 | 对讲机 | | 对 | 若干 | |
| 5 | 风速风向仪 | | 块 | 1 | |
| 6 | 温湿度表 | | 块 | 1 | |
| 7 | 万用表 | | 块 | 1 | |

## 五、危险点分析及预控措施

危险点分析及预控措施见表 7–6。

**表 7–6　　　　　　　　　　危险点分析及预控措施**

| 序号 | 危　险　点 | 安全控制措施 |
|---|---|---|
| 1 | 高空坠落 | （1）攀登杆塔前检查脚钉、防坠轨道是否可靠。<br>（2）高空作业正确使用安全带，安全带系好后，应检查扣环是否扣牢，安全带不得低挂高用，转位作业不得失去安全保护。<br>（3）禁止携带器材攀登杆塔或在杆塔上移位 |
| 2 | 触电伤害 | （1）塔上作业人员与带电体、等电位作业人员与接地体之间要保持安全距离的要求（边相不小于 6.3m，中相不小于 7m，以上数值不包括人体占位间隙，作业中须考虑人体占位间隙不得小于 0.5m）。<br>（2）等电位作业人员坐绝缘梯进入强电场时，应注意与接地体和带电体两部分间隙所组成组合间隔距离（边相不小于 7m，中相不小于 7.2m，以上数值不包括人体占位间隙，作业中需考虑人体占位间隙不得小于 0.5m）。<br>（3）绝缘工具有效绝缘长度应不小于 6.8m。<br>（4）塔上作业人员、等电位作业人员应穿合格的全套屏蔽服（包括屏蔽面罩、帽、衣裤、手套、袜、导电鞋），且各部位应连接良好，测量最远两点之间阻值不大于 20Ω。屏蔽服内应穿阻燃内衣。<br>（5）等电位作业人员应使用电位转移棒进行电位转移，且在转移过程中，动作迅速、准确，人体面部与带电体必须保持 0.5m 的安全距离。<br>（6）吊篮应用绝缘吊篮绳稳固悬吊，由塔上作业人员检查确认其安全性。绝缘吊篮绳的长度，应准确计算或实际丈量，使等电位作业人员头部不超过导线侧均压环 |
| 3 | 高空落物 | （1）现场作业人员必须正确佩戴安全帽。<br>（2）杆塔上作业人员严禁高空抛物，使用的工具等应装在工具袋内，工器具应使用绝缘无极绳传递，作业点正下方严禁有人通过或逗留 |
| 4 | 导线脱落 | （1）更换整串绝缘子时应计算导线荷载，并据此选用相应规格的工器具。<br>（2）绝缘承力工具受力后，须经检查确认安全可靠后方可脱离绝缘子串。<br>（3）所使用的工器具应安装可靠，工具受力后应冲击、检查判断其可靠性。在脱开绝缘子前，应经工作负责人同意后方可进行。<br>（4）利用机动绞磨起吊复合绝缘子串时，机动绞磨应安装牢固可靠。磨绳在磨盘上不准少于 5 圈，机动绞磨控制绳应由有带电作业经验的电工控制，确保作业过程中处于可靠拉紧状态 |

## 六、作业步骤

（1）工作负责人向调度部门申请开工，内容为：本人为工作负责人×××，× 年×月×日×时至×时在 1000kV××线路上更换悬垂整串作业，须停用线路自动重合闸装置，若遇线路跳闸或闭锁，未经联系，不得强送。得到调度许可，核对线路双重命名和杆塔号。

（2）全体工作成员列队，工作负责人现场宣读工作票、交代工作任务、安全措施和技术措施；查（问）看作业人员精神状况、着装情况和工器具是否完好齐全。确认天气情况、危险点和预防措施，明确作业分工以及安全注意事项。

（3）地面电工正确合理布置工作现场，组装工器具。用绝缘电阻表检测绝缘工具的绝缘电阻，检查液压紧线系统、八分裂提线器等工具是否完好灵活。

（4）3 号、4 号电工应穿着全套静电防护服装。1 号、2 号电工应穿着全套屏蔽服装（屏蔽服装内还应穿阻燃内衣）、导电鞋，并戴好屏蔽面罩。地面电工检查塔上电工屏蔽服装和静电防护服装各部件的连接情况，测试连接导通情况。在杆塔上进出等电位前，等电位电工要检查确认屏蔽服装各部位连接可靠后方能进行下一步操作。

（5）核对线路双重名称无误后，塔上电工检查安全带、防坠器的安全性。1 号、2 号、3 号、4 号电工携带绝缘传递绳登塔至横担作业点，选择合适位置系好安全带，将绝缘滑车和绝缘传递绳安装在横担合适位置。

（6）地面电工利用绝缘传递绳将吊篮、绝缘吊篮绳、绝缘保护绳及 2–2 绝缘滑车组传至横担，3 号、4 号电工将 2–2 绝缘滑车组及吊篮可靠安装在横担上平面合适位置，将绝缘吊篮绳安装在横担（导线正上方）合适位置。

（7）1 号电工系好绝缘保护绳进入吊篮，地面电工缓慢松出 2–2 绝缘滑车组控制绳，待吊篮距带电导线约 1m 处放缓速度。

（8）在得到工作负责人的同意后，1 号电工利用电位转移棒进行电位转移，然后地面电工再放松 2–2 滑车组控制绳配合 1 号电工登上导线进入电场。

（9）地面电工收紧 2–2 绝缘滑车组控制绳，将吊篮向上传至横担部位。2 号电工系好绝缘保护绳进入吊篮，用同样的方法进入电场。1 号、2 号电工进入等电位后，不得将安全带系在子导线上，应在绝缘保护绳的保护下进行作业。

（10）3 号、4 号电工将绝缘传递绳转移至导线正上方，地面电工将绝缘吊杆、八分裂提线器、液压紧线系统等传递至工作位置，由 3 号、4 号电工和 1 号、2 号电工配合将复合绝缘子更换工具进行正确安装（导线上方垂直安装、液压紧线系统安装在导线侧）。

（11）检查承力工具各部件安装可靠得到工作负责人同意后，1 号、2 号电工先收紧丝杆，待丝杆适当受力后，再收紧液压紧线系统，使绝缘子串松弛。

（12）地面电工将复合绝缘子串控制绳传递给 1 号电工，1 号电工将其安装在复合绝缘子串尾部。地面电工收紧复合绝缘子串控制绳。

（13）检查承力工具受力正常得到工作负责人同意后，1 号电工拆开导线侧碗头挂板螺栓。然后地面电工缓慢放松复合绝缘子串控制绳，使之自然垂直。

（14）3 号电工将绝缘传递绳系在复合绝缘子上端，然后取出复合绝缘子串与球头挂环连接的锁紧销。地面电工启动机动绞磨，与 3 号电工配合脱开复合绝缘子串与球头挂环的连接。

（15）地面电工控制好复合绝缘子串控制绳，利用机动绞磨缓慢将复合绝缘子串放至地面。注意控制好复合绝缘子串的控制绳，不得碰撞承力工具、导线及杆塔。

（16）地面电工将绝缘传递绳和复合绝缘子串控制绳分别转移到新复合绝缘子上。然后启动机动绞磨，将新复合绝缘子串传递至塔上工作位置。3 号电工恢复新复合绝缘子串与球头挂环的连接，并复位锁紧销。

（17）地面电工缓慢松出机动绞磨使复合绝缘子串自然垂直，然后收紧复合绝缘子串控制绳将绝缘子串尾部送至导线侧 1 号电工位置。1 号电工恢复碗头挂板与金属联板的连接，并装好开口销。

（18）经检查复合绝缘子串连接可靠得到工作负责人同意后，1 号、2 号电工松出液压紧线系统。

（19）经检查复合绝缘子串受力正常得到工作负责人同意后，1 号、2 号电工与 3 号、4 号电工配合拆除绝缘吊杆、八分裂提线器（六分裂提线器）、液压紧线系统等，并传至地面。

（20）1 号电工将绝缘传递绳在吊篮上系牢，然后进入吊篮。在得到工作负责人的同意后，1 号电工迅速脱开电位转移棒与子导线的连接，并将电位转移棒收回放在吊篮中。

（21）地面电工同时迅速收紧 2–2 绝缘滑车组控制绳，将吊篮向上拉至横担部位停住，然后 1 号电工登上横担，并系好安全带。

（22）地面电工利用绝缘传递绳将吊篮传至 2 号电工处，2 号电工检查导线上无遗留物后进入吊篮，用同样的方法退出电位。

（23）塔上电工配合拆除绝缘吊篮绳、绝缘保护绳、2–2 绝缘滑车组及吊篮，并传至地面。

（24）1 号、2 号、3 号、4 号电工检查塔上无遗留物后，向工作负责人汇报，得到工作负责人同意后携带绝缘传递绳下塔。

（25）工作负责人检查现场、清点工器具。

（26）工作负责人向调度汇报。内容为：工作负责人×××，1000kV××线路××杆塔上带电更换悬垂整串绝缘子工作已结束，线路设备已恢复原状，杆塔上作业人员已全部撤离，杆塔、导线上无遗留物，线路设备已恢复，可恢复重合闸。

### 七、工艺质量要求

工艺质量要求见表 7–7。

表 7–7　　工 艺 质 量 要 求

| 序号 | 内　　容 |
|---|---|
| 1 | 新绝缘子的规格、型号必须与原绝缘子相同 |
| 2 | 安装时应检查碗头、球头与弹簧销之间的间隙。在安装好弹簧销子的情况下球头不得自碗头中脱出 |
| 3 | 新绝缘子安装后大口方向应与原朝向一致 |

# 模块 2　等电位更换导线间隔棒

## 一、概况

本项目采用等电位和地电位配合的方法，采用绝缘吊篮进入强电场进行 1000kV 输电线路导线间隔棒的更换，此作业方法适合更换距离直线杆塔较近的导线间隔棒。由于 1000kV 输电线路电场强度，电场和电流防护难度大，更换导线间隔棒在特高压金具类带电作业中具有代表性。

## 二、人员组合

本作业项目工作人员不少于 5 名。其中工作负责人（监护人）1 名、等电位电工 1 名人（1 号电工）、塔上地电位电工 1 名（2 号电工）、地面电工 2 名（3 号、4 号电工）。

## 三、材料配备

材料配备见表 7–8。

表 7–8　　材　料　配　备

| 序号 | 名　　称 | 型　　号 | 数　　量 | 备　　注 |
|---|---|---|---|---|
| 1 | 间隔棒 | 与原间隔棒型号相同 | 按实际需求准备 | |

## 四、工器具配备

1. 绝缘工具（见表 7–9）

表 7–9　　绝　缘　工　具

| 序号 | 名　　称 | 规格/编号 | 单位 | 数量 | 备　　注 |
|---|---|---|---|---|---|
| 1 | 绝缘绳 | $\phi$14mm | 根 | 1 | 一根用于传递、一根用于 2–2 滑车组控制 |

续表

| 序号 | 名　称 | 规格/编号 | 单位 | 数量 | 备　注 |
|---|---|---|---|---|---|
| 2 | 绝缘绳 | $\phi$16mm | 根 | 1 | 吊篮固定绳横担至导线垂直距离+操作长度 |
| 3 | 二二绝缘滑车 | | 个 | 2 | |
| 4 | 绝缘滑车 | | 个 | 3 | |
| 5 | 绝缘绳套 | 1t | 个 | 3 | |
| 6 | 电位转移棒 | | 根 | 1 | |
| 7 | 吊篮 | | 套 | 1 | |

**注**　绝缘工具绝缘工器具的机械及电气强度均应满足安规要求，周期预防性及检查性试验合格。

2. 金属工具（见表 7–10）

**表 7–10**　　**金　属　工　具**

| 序号 | 名　称 | 规格/编号 | 单位 | 数量 | 备　注 |
|---|---|---|---|---|---|
| 1 | 间隔棒专用扳手 | | 把 | 1 | |

3. 个人防护用具（见表 7–11）

**表 7–11**　　**个 人 防 护 用 具**

| 序号 | 名　称 | 规格/编号 | 单位 | 数量 | 备　注 |
|---|---|---|---|---|---|
| 1 | 人体后备保护绝缘绳 | $\phi$16mm | 根 | 2 | |
| 2 | 导电鞋 | | 双 | 1 | |
| 3 | 安全带 | | 条 | 2 | |
| 4 | 安全帽 | | 顶 | 5 | |
| 5 | 静电防护服 | | 套 | 1 | |
| 6 | 全套屏蔽服 | 屏蔽效率≥60dB | 套 | 1 | 戴面罩 |
| 7 | 阻燃内衣 | | 套 | 2 | |
| 8 | 防坠器 | | 个 | 2 | |

4. 辅助安全用具（见表 7–12）

**表 7–12**　　**辅 助 安 全 用 具**

| 序号 | 名　称 | 规格/编号 | 单位 | 数量 | 备　注 |
|---|---|---|---|---|---|
| 1 | 绝缘电阻检测仪 | 5000V | 块 | 1 | 电极宽 2cm，极间距 2cm |
| 2 | 防潮苫布 | | 块 | 3 | |
| 3 | 工具袋 | | 只 | 2 | |

续表

| 序号 | 名　　称 | 规格/编号 | 单位 | 数量 | 备　　注 |
|---|---|---|---|---|---|
| 4 | 对讲机 | | 对 | 1 | |
| 5 | 风速风向仪 | | 块 | 1 | |
| 6 | 温湿度表 | | 块 | 1 | |
| 7 | 万用表 | | 块 | 1 | |

## 五、危险点分析及预控措施

危险点分析及预控措施见表 7–13。

**表 7–13　　危险点分析及预控措施**

| 序号 | 危　险　点 | 安全控制措施 |
|---|---|---|
| 1 | 高空坠落 | （1）攀登杆塔前检查脚钉、防坠轨道是否可靠。<br>（2）高空作业正确使用安全带，安全带系好后，应检查扣环是否扣牢，安全带不得低挂高用，转位作业不得失去安全保护。<br>（3）禁止携带器材攀登杆塔或在杆塔上移位 |
| 2 | 触电伤害 | （1）塔上作业人员与带电体、等电位作业人员与接地体之间要保持安全距离的要求（边相不小于 6.3m，中相不小于 7m，以上数值不包括人体占位间隙，作业中需考虑人体占位间隙不得小于 0.5m）。<br>（2）等电位作业人员坐绝缘梯进入强电场时，应注意与接地体和带电体两部分间隙所组成组合间隔距离（边相不小于 7m，中相不小于 7.2m，以上数值不包括人体占位间隙，作业中需考虑人体占位间隙不得小于 0.5m）。<br>（3）绝缘承力工具、绝缘绳索最小有效绝缘长度不得小于 7.2m。<br>（4）塔上作业人员、等电位作业人员应穿 1000kV 合格的全套屏蔽服（包括屏蔽面罩、帽、衣裤、手套、袜、导电鞋），且各部位应连接良好，测量最远两点之间阻值不大于 20Ω。屏蔽服内应穿阻燃内衣。<br>（5）等电位作业人员应使用电位转移棒进行电位转移，且在转移过程中，动作迅速、准确，人体面部与带电体必须保持 0.5m 的安全距离。<br>（6）带电作业应在天气良好条件下进行，如遇雷电（听见雷声、看见闪电）、雪、雹、雨、雾等，禁止进行带电作业。风力大于 5 级，或湿度大于 80%时，不宜进行带电作业 |
| 3 | 高空落物 | （1）现场作业人员必须正确佩戴安全帽。<br>（2）杆塔上作业人员严禁高空抛物，使用的工具等应装在工具袋内，工器具应使用绝缘无极绳传递，作业点正下方严禁有人通过或逗留 |

## 六、作业步骤

（1）工作负责人向调度部门申请开工，内容为：本人为工作负责人×××，×年×月×日×时至×时在 1000kV××线路上更换导线间隔棒作业，须停用线路自动重合闸装置，若遇线路跳闸，未经联系，不得强送。得到调度许可，核对线路双重命名和杆塔号。

（2）全体工作成员列队，工作负责人现场宣读工作票、交代工作任务、安全措施和技术措施；查（问）看作业人员精神状况、着装情况和工器具是否完好齐全。确认天气

情况、危险点和预防措施，明确作业分工以及安全注意事项。

（3）地面电工正确合理布置工作现场，组装工器具。用绝缘电阻表检测绝缘工具的绝缘电阻，检查吊篮、2–2 滑车等工具是否完好灵活。

（4）2 号电工应穿着全套静电防护服装。1 号电工应穿着全套屏蔽服装（屏蔽服装内还应穿阻燃内衣）、导电鞋，并戴好屏蔽面罩。地面电工检查塔上电工屏蔽服装和静电防护服装各部件的连接情况，测试连接导通情况。在杆塔上进出等电位前，1 号电工要检查确认屏蔽服装各部位连接可靠后方能进行下一步操作。

（5）核对线路双重名称无误后，塔上电工检查安全带、防坠器的安全性。1 号、2 号电工携带绝缘传递绳登塔至横担作业点，选择合适位置系好安全带，将绝缘滑车和绝缘传递绳安装在横担合适位置。

（6）地面电工利用绝缘传递绳将吊篮、绝缘吊篮绳、绝缘保护绳及 2–2 绝缘滑车组传至横担，1 号、2 号电工将 2–2 绝缘滑车组及吊篮可靠安装在横担上平面合适位置，将绝缘吊篮绳安装在横担（导线正上方）合适位置。

（7）1 号电工系好绝缘保护绳进入吊篮，地面电工缓慢松出 2–2 绝缘滑车组控制绳，待吊篮距带电导线约 1m 处放缓速度。

（8）在得到工作负责人的许可后，1 号电工利用电位转移棒进行电位转移，然后地面电工放松 2–2 滑车组控制绳配合 1 号电工登上导线进入电场。

（9）1 号电工进入等电位后，将安全带系在上子导线上，并装好走线绝缘保护绳（须将子导线全部兜住），然后解除进电位绝缘保护绳。

（10）2 号电工将绝缘传递绳传给 1 号电工，1 号电工携带绝缘传递绳走线至作业点，将绝缘滑车和绝缘传递绳安装在子导线上。

（11）1 号电工利用间隔棒专用工具将旧间隔棒拆除，与地面电工配合利用绝缘传递绳将其放至地面。

（12）地面电工起吊新间隔棒至 1 号电工处，1 号电工原位正确安装新间隔棒。注意保持间隔棒的平面与子导线垂直。

（13）经检查间隔棒安装牢固得到工作负责人同意后，1 号电工携带绝缘传递绳走线至吊篮处。

（14）1 号电工将绝缘传递绳传给 2 号电工，2 号电工将绝缘传递绳安装在横担合适位置。

（15）1 号电工系好绝缘保护绳进入吊篮，在得到工作负责人的同意后，1 号电工迅速脱开电位转移棒与子导线的连接，并将电位转移棒收回放在吊篮中。

（16）地面电工同时迅速收紧 2–2 绝缘滑车组控制绳，将吊篮向上拉至横担部位停住，然后 1 号电工登上横担，并系好安全带。

（17）塔上电工配合拆除绝缘吊篮绳、绝缘保护绳、2–2 绝缘滑车组及吊篮，并传至地面。

（18）1 号、2 号电工检查塔上无遗留物后，向工作负责人汇报，得到工作负责人同意后携带绝缘传递绳下塔。

（19）工作负责人检查现场、清点工器具。

（20）工作负责人向调度汇报。内容为：工作负责人×××，1000kV××线路××杆塔上带电更换导线间隔棒工作已结束，线路设备已恢复原状，杆塔上作业人员已全部撤离，杆塔、导线上无遗留物，线路设备已恢复，可恢复重合闸。

## 七、工艺质量要求

工艺质量要求见表7–14。

**表7–14　　工艺质量要求**

| 序号 | 内容 |
|---|---|
| 1 | 间隔棒安装必须到位，装好销子，确保不移位 |
| 2 | 作业过程中，等电位电工应做好强电场防护措施，监护人应时刻注意等电位电工的行为，做好监护 |